숲으로 떠나는 건강 여행

숲으로 떠나는 건강 여행

초판 1쇄 발행일 2007년 5월 31일
초판 7쇄 발행일 2016년 4월 27일

지은이 신원섭
펴낸이 이원중

펴낸곳 지성사 출판등록일 1993년 12월 9일 등록번호 제10-916호
주소 (03408) 서울시 은평구 진흥로1길 4(역촌동 42-13) 2층
전화 (02) 335-5494 팩스 (02) 335-5496
홈페이지 지성사. 한국 | www.jisungsa.co.kr 이메일 jisungsa@hanmail.net

ISBN 978-89-7889-153-0 (03520)

잘못된 책은 바꾸어 드립니다. 책값은 뒤표지에 있습니다.

숲으로 떠나는 건강 여행

으로 떠나는

여행

신원섭 교수의 숲치유 프로젝트

지성사

숲, 내추럴빙으로 건강하고 행복하게 살기

웰빙(well-being)을 넘어서 내추럴빙(natural-being)이 화두다. 내추럴빙은 글자 그대로 자연과 더불어 잘 살자는 말이다. 그렇다면 왜 인간은 자연과 함께 살아야 하는가? 우리가 자연 즉, 숲에서 태어나 숲과 더불어 살아왔기 때문이다.

사람이 태어나 자란 곳은 그 사람의 생각, 성격, 행동 등에 결정적인 영향을 준다. 심리학에서는 이를 기질이라고 부른다. 학자들에 따라서 인간이 지구에 출현한 역사를 약 700만 년에서 300만 년 전까지로 추정한다. 고생물학자와 인류학자들이 말하는 공통적인 의견은 인류의 역사가 동아프리카의 사바나 숲에서 시작해 숲과 함께 진화 발전해왔다는 것이다. 인간이 자연의 숲에서 나와 공동체를 이루면서 살기 시작한 것은 불과 5천 년 전 정도라는 것이다. 그렇기 때문에 숲은 인간에게 원천적인 고향이며, 모태와 같다. 바로 이점이 인간이 내추럴빙으로 살아야 하는 이유이다.

최근 각종 질병으로 인한 사회적 비용이 연간 38조 원, 우리나라 GDP의 5.3퍼센트에 이른다는 연구 결과가 발표되었다. 특히 우리 사회의 중추적 역할을 하는 40대의 질병으로 인한 사회적 비용이 가장 높다고 한다. 40대는 한 가정의 가장이고, 한 사회의 주축이며, 높은 생산력을 한창 발휘해야 할 세대이다. 그런데 이들이 질병에 가장 많이 걸리며 의료비 지출의 주 대상으로 지목받고 있다는 점은 매우 안타깝다. 40대가 쓰러지면 가정은 물론이요, 그 사회도 쓰러진다. 국민을 지키는 사회적 건강 지원 시스템이 절실히 필요한 때이다.

　　이러한 건강과 사회 복리 시스템을 나는 감히 '숲'이라고 주장하고 싶다. 잘 아는 바와 같이 우리나라는 국토의 65퍼센트가 산과 숲으로 이루어져 있다. 이제 우리 숲을 경제적, 환경적, 문화적 자원뿐만 아니라 건강 자원으로 활용하여야 할 때이다.

숲은 우리 주위에 가까이 있기 때문에 누구나 쉽게 찾아갈 수 있고, 경제적으로 건강을 유지하고 증진시키는 데 효율적으로 이용할 수 있다. 숲은 부작용이 없는 치료약이고, 돈 주고 사지 않아도 되는 보약이며, 모든 사람을 받아주는 종합병원이다. 숲이 우리에게 주는 건강적 기능은 치유의 효능과, 건강할 때 우리 몸을 지켜주는 건강 유지 효능을 함께 가지고 있다. 따라서 숲을 잘 이용하면 질병을 치료하는 데 소요되는 사회적 비용뿐만 아니라 질병에 대한 잠재적 사회 비용까지 절약할 수 있다.

이 책에는 숲이 건강 자원으로 이용되길 바라는 나의 바람이 담겨 있다. 건강에 관한 것들은 미신처럼 불확실한 것이어서는 안 된다. 사람의 생명과 삶, 그리고 복리가 담보되어야 하기 때문이다. 그래서 이 책에서 소개하는 내용은 가능한 한 과학적인 연구 결과를 바탕으로 쓰여졌다. 또한 독자들이 숲을 실용적으로 이용할 수 있도록 각 글마다 실현 가능한 방법을 제시하였다.

　이 책으로 독자들이 숲과 가까이 생활해 건강하고 행복해지길 바란다. 부족한 점은 아직 이 분야의 연구가 미흡해 정보가 부족하다는 핑계로 대신한다. 그것은 앞으로 열심히 풀어야 할 숙제이기도 하다.

2007년 봄
개신골 탐스런 목련꽃이
창으로 보이는 연구실에서
신원섭

1장 숲, 무엇이 우리를
건강하게 하는가?

2장 숲에서 변하는
우리의 몸

3장 숲이 주는
마음과 정신의 건강

4장 숲이 주는
몸의 건강

5장 숲, 건강을 위한
효율적인 이용

tip

숲,
무엇이 우리를
건강하게 하는가?

이 세상이 하나의 가족인 걸 잊지 말자. 하늘은 아버지이고 땅은 어머니이다. 그리고 세상의 모든 것은 누이와 형제들이다.
– 미국 원주민 격언

건강과 행복을 위해
왜 숲이 필요한가

왜 숲이 건강과 행복한 삶의 대안인가? 이 책의 모든 내용은 이 질문에 대한 해답이다. 우리 주변의 수없이 많은 숲, 국토의 65퍼센트를 차지하는 숲은 우리 생활의 기반이었고, 또 문화의 발상지였다. 물론 건강 역시 숲을 통해 얻어 왔다. 숲에서는 온갖 약초가 생산되었고, 이를 바탕으로 질병의 치료와 보양이 이루어져 왔다. 또한 숲은 몸과 마음의 도량이었다. 자신이 누구인지, 삶이 무엇인지, 그리고 왜, 어떻게 살아야 하는지를 깨닫기 위해, 진리와 행복을 찾으려는 등의 이유로 우리는 오랫동안 숲을 찾았다.

그뿐이랴. 숲은 아픈 가족을 위한 기도의 장소였고, 남몰래 해결해야 할 문제를 털어 놓을 수 있는 고해소였다. 오늘날에도 숲은 이러한 역할을 충실히 하고 있다. 숲을 찾는 사람들 중 80퍼센트가 건강을 이유로, 또는 몸과 마음의 피로를 풀기 위해 숲에 온다. 그래서 숲은 온갖 질병을 낫게 하는 종합병원일 뿐만 아니라 건강을 유지시키는 천혜의 보약이자, 질병에 걸리게 하지 않는 예방약이다.

숲이 이러한 역할을 하는 데는 수많은 이유가 있지만 간추려 보면 다음과 같다. 이에 대한 설명은 이어지는 글에서 자세히 알 수 있을 것이다.

1. 누구나 쉽게 이용할 수 있다.

2. 건강을 유지, 증진시키는 데 아주 효과적이다.

3. 노화를 방지한다.

4. 심장 건강과 기능 활성화에 매우 좋다.

5. 뼈를 튼튼히 해준다.

6. 긍정적인 분위기를 조성시키고 스트레스를 해소시킨다.

7. 몸의 유연성을 길러 준다.

8. 체중 조절에 효과적이다.

9. 자연의 아름다움과 중요성을 배운다.

10. 재미있고 흥미롭다.

숲을 구성하는 자연 요소들은
우리의 몸과 마음에 신선한 자극을 준다.

누구나 쉽게 이용할 수 있다

숲을 이용하는 데는 큰 제약이 없다. 특별한 장비나 돈, 기술 등이 필요하지 않다. 신발을 신고 걸을 수 있기만 하면 된다. 자신의 신체적인 능력이나 허락되는 시간에 맞추어 얼마든지 숲을 이용할 수 있다. 20~30분 걸을 수 있는 동네 공원 숲부터 1박 2일 정도 시간을 투자해야 하는 강원도 깊은 산의 숲에 이르기까지 자신의 능력대로 숲을 이용할 수 있다.

숲의 가장 좋은 점은 아무 때나, 어디에서나 이용할 수 있다는 것이다. 갑자기 약속이 취소되어 20~30분 자투리 시간이 남을 때, 점심시간에, 출퇴근 시간 복잡한 차량 행렬을 피해서, 또는 업무 시간 중 잠깐 졸음을 쫓기 위해서도 숲을 찾을 수 있다. 또 한 가지 중요한 사실은 특별한 경우를 제외하면 숲은 우리에게 입장료나 이용료를 받지 않는다는 것이다.

건강을 유지, 증진시키는 데 아주 효과적이다

건강을 유지하는 비결은 특별한 것이 아니다. 돈이 많이 들어가고, 노력이 수반되며, 어려워야 건강에 큰 효과가 있는 것으로 믿는 사람들이 많다. 하지만 숲을 걷거나 숲을 이용한 활동 같은 단순하고 쉬워 보이는 것만으로도 건강을 유지하고 회복시키는 데 아주 효과적이다.

숲에서 산책하는 것은 운동으로 보이지 않는다. 그런 활동이 어떻게 건강에 도움이 될까 의심스러워하는 사람도 있다. 그러나 좋은 운동은 누구나 하기 쉽고, 단순하며, 지속성이 있어야 한다. 그래야 효과도 좋다. 숲 속 산책은 바로 좋은 운동의 특성을 모두 갖춘 활동이다.

노화를 방지한다

사람은 누구나 나이를 먹으며 늙는다. 그러나 그 속도는 노력에 따라 얼마든지 늦출 수 있다. 숲을 산책하는 것과 같은 가볍고 꾸준한 활동은 나이가 들면서 쇠퇴하는 육체 기능을 50퍼센트까지 늦춰 준다는 것이 전문가들의 주장이다. 다시 말하면 매일 30분간 숲에 가서 몸을 움직이는 사람은 그렇지 않은 사람보다 절반이나 인생을 젊게 산다는 말이다.

미국에서 연구한 결과를 종합해 보면 숲에서 하는 가벼운 활동은 65세 이상의 노인들에게 다음과 같은 효과를 준다고 한다.

· 긍정적인 사고와 육체적 건강
· 심장과 폐 기능 향상
· 질병 발병률 감소
· 걱정, 근심, 우울증 감소
· 노화 방지
· 근력 강화
· 골다공증 예방
· 낙상 방지

숲을 산책하는 것과 같은 가벼운 활동이 노인들의 육체적인 건강뿐만 아니라 심리적인 행복까지 준다는 연구 결과도 발표되었다. 미국에서 숲이 있는 곳의 양로원과 숲이 없는 곳의 양로원에 살고 있는 노인들의 행복감과 건강 상태를 비교해 보았더니, 숲이 있는 양로원에 살고 있는 노인들이 훨씬 행복감을 느낀다는 심리적 효과 외에도 실제로 아파서 병원을 찾는 횟수도 적은 것으로 나타났다. 이 연구에서는 그 이유가 숲이 노인들의 사회적인 네트워크를 형성해 주기 때문이라고 분석하고 있다. 숲을 매개로 노인들이 사회적으로 교류하면서 소속감을 느끼고, 그로 인해 외로움을 느끼는 시간이 줄어들어 정신 건강뿐만 아니라 육체적으로도 건강하게 유지된다는 것이다.

심장 건강과 기능 활성화에 매우 좋다

고혈압, 심장병 등은 치명적인 질병으로 손꼽히지만 숲에서 이뤄지는 운동과 활동은 이런 병의 치유에 매우 효과적이다. 숲에서 꾸준히 걷는 운동은 특히 혈압을 떨어뜨리는 데 효과가 좋다. 오르막 내리막 경사가 이어지는 숲길 걷기는 혈액의 콜레스테롤 수치를 낮추고, 심장에 자극을 주어 기능을 향상시킨다.

뼈를 튼튼히 해준다

나이가 들면서 뼈가 점점 약화되어 부러지기 쉽다. 여성의 경우에는 뼈 밀도가 낮아져 골다공증의 위험이 커진다. 숲에서의 활동은 이런 뼈의 약화를 방지하고 몸의 균형도 잡아 줘 낙상의 위험을 줄여 준다. 숲에서 받는 햇볕이 피부에서 비타민 D의 합성을 도와 뼈를 튼튼하게 하기 때문이다.

긍정적인 분위기를 조성시키고 스트레스를 해소시킨다

숲에는 우리 생각을 긍정적으로 변화시키는 온갖 요소들이 가득하다. 인간 역사와 함께한 숲은 자연과 떨어져 살고 있는 현대인들의 감정과 생리에 일치한다. 그래서 숲에서는 마음이 평온하고 마치 고향의 품에 안긴 듯 포근해진다. 숲이 인간에게 생리적으로 안정감을 준다는 사실은 많은 실험과 연구로 밝혀지고 있다. 숲에서 발생하는 안정적 뇌파인 알파파의 증가, 혈중 코르티솔(cortisol)의 감소 등이 바로 스트레스 감소의 증거이다. 숲은 사람들의 걱정과 근심을 줄여 주고 마음을 행복하게 한다.

몸의 유연성을 길러 준다

나이가 들면서 우리 몸을 지탱하는 뼈 밀도가 낮아져 뼈가 약해진다. 근육도 근력을 잃어 몸의 탄력과 유연성이 떨어진다. 나이가 들수록 자주 넘어지고 몸의 균형을 잡기 어려운 이유가 바로 이 때문이다. 또 넘어지면 조그만 충격에도 뼈가 쉽게 상하고 회복도 늦어진다.

이런 문제도 숲에서 하는 육체적인 활동으로 해결할 수 있다. 숲에서 걸으면 뼈와 근육이 강화돼 몸이 민첩해지기 때문에 몸의 균형을 잡는 데 큰 도움이 된다. 자연스럽게 스트레칭 효과도 가져와 근육이 단련되어 근력도 좋아진다. 이렇게 몸이 다져지면서 위험한 상황에서 잘 넘어지지 않고, 혹시 넘어지는 경우에도 상대적으로 큰 상처를 입지 않는다.

체중 조절에 효과적이다

많은 전문가들이 걷기만큼 효과적인 체중 조절 방법은 없다고 주장한다. 꾸준히 숲길을 걸으면 몸의 지방이 산화되어 축적된 칼로리가 소모됨으로써 체중이 조절된다는 것이다. 체중 조절은 미용상으로 몸매만 아름답게 하는 것이 아니다. 비만은 고혈압을 비롯해서 많은 질병을 유발하고, 심리적으로는 사회적인 자존심도 잃게 만든다.

자연의 아름다움과 중요성을 배운다

숲은 자연의 핵이다. 숲에는 자연을 구성하는 모든 요소가 포함되어 있다. 나무, 풀, 곤충, 야생동물, 미생물, 흙, 물, 심지어 자연의 소리까지…. 이러한 자연과 교류하면 우리는 자연의 아름다움과 중요성을 깨닫게 되고 그 진정한 가치를 새삼 인식하게 된다. 이것이 바로 자연에 대한 우리의 마음가짐인데, 이것은 우리의 가치관과 행동까지도 변화시켜 자연 친화적인 삶을 살아가게 한다.

또한 숲을 자주 이용하면 환경과 자연에 대한 지식도 얻을 수 있다. "아는 만큼 사랑한다."는 말처럼 지식이 있어야 그 가치를 알고 사랑할 수 있다. 숲을 찾으면서 알게 된 나무와 야생화 이름은 그 이름을 몰랐을 때와 다른 감정을 자아내어 더욱 자연을 사랑하게 만든다.

재미있고 흥미롭다

숲을 이용하면서 좋은 점은 숲이 재미와 흥미를 유발한다는 점이다. 누구나 운동의 좋은 점과 필요성을 알지만 의무감으로 운동하면 오래 지속하지 못한다. 헬스클럽의 러닝머신에서 뛰는 것은 지루함 때문에 대단한 의지력을 가지고 있지 않는 한 지속하기 어렵다. 그렇지만 숲은 다르다. 매일 똑같은 숲을 찾아가도 느낌이 매번 다르고 하루하루 그 변화를 느낄 수 있다. 그래서 자신도 모르게 숲에 빠져들고 흥미와 호기심을 갖게 한다. 그래서 숲에서는 지루하지 않다.

숲은 혼자도 좋고, 친구나 가족이 함께 찾아도 좋다. 화창한 봄 날씨에도 좋고, 소나기가 막 지나간 여름 오후, 단풍이 곱게 물든 가을과, 눈이 온 숲을 덮은 겨울에도 좋다. 그때마다 우리가 숲에서 받는 느낌이 각양각색 다르다. 이런 흥미와 재미는 숲을 운동이라기보다는 휴양과 휴식 장소로 이용하면서 운동 효과도 가져다주는 일석이조의 편익을 제공하는 곳으로 인식하게 한다. 오감을 열고 숲을 걷다 보면 피곤하지 않고 재미있으면서도 몸과 마음의 건강과 행복까지 선물 받는다.

앞에서 꼽은 숲이 건강과 행복에 좋은 이유 10가지는 아주 단편적인 것들이다. 이 밖에도 숲의 장점을 꼽으라면 수도 없다. 어떤 사람은 숲을 '블랙박스'라고 표현하기도 한다. 숲은 분명히 우리에게 많은 선물과 혜택을 주는데 우리는 그런 것들에 대한 정확한 이유와 메커니즘을 해석할 수 없기 때문이다.

최상의 인간으로 완성되는 비밀의 방법은 자연의 공기를 맞으며,
숲과 함께 먹고 자는 것이다. −위트만

숲 속의 자연 살균제, 피톤치드

내추럴빙(Natural-being)의 핵심은 숲과 조화롭게 살아가는 삶이다. 왜냐하
면 숲은 인류가 오랫동안 누려 왔던 터전이자 고향이며, 숲과 교류하는 것
은 인간 본성을 찾는 길이기 때문이다. 그래서 언제부턴가 '산림욕'이란 단
어가 익숙하게 되었다. 우리 주위에 쉽게 찾아갈 수 있는 자연휴양림에는
산림욕을 할 수 있는 길과 공간이 마련되어, 많은 사람이 산림욕을 즐기고
있다.

숲의 환경은
우리가 사는 도시 환경과 확연히 다르다.

피톤치드란 무엇인가

산림욕에 따라다니는 용어가 '피톤치드(phytoncide)'이다. 피톤치드는 '식물'이라는 뜻의 '파이톤(phyton)'과 '죽이다'라는 뜻의 '사이드(cide)'가 합쳐진 것으로, 식물이 내뿜는 휘발성 향기 물질이다. 이 말은 스트렙토마이신을 발견해 결핵을 퇴치한 공로로 노벨의학상을 받은 러시아 태생의 미국 세균학자 왁스먼(Waksman)이 처음으로 이름 붙였다.

레닌그라드대학의 토킨(Tokin) 박사는 피톤치드의 효능에 대한 실험 결과를 발표했다. 숲 속에 들어갔을 때 풍기는 시원한 숲의 냄새가 피톤치드이며, 이것은 수목이 주위의 구균, 디프테리아 등의 미생물을 죽이는 방어용 휘발성 물질이라고 주장하였다.

실제로 피톤치드가 풍부한 숲은 폐결핵과 같은 전염성 질병을 위한 좋은 요양지이기도 하다. 20세기 초에 유행해 수많은 목숨을 앗아간 폐결핵의 그 당시 유일한 치료법은 숲에서 요양하는 것이었고, 실제로 많은 환자들이 효과를 보았다.

숲의 치료 효능은 1900년대 초 미국 뉴욕의 한 병원에서 보고한 임상 실험 결과로 과학적 관심을 끌게 되었다. 당시 미국에는 창궐하는 폐결핵 때문에 병원마다 환자가 넘쳐 이들을 수용할 만한 병실이 크게 부족했다. 그래서 뉴욕의 한 병원에서는 넘치는 환자를 수용하기 위해 병원 뒤뜰 숲에 임시로 텐트 병동을 만들어 결핵 환자들을 수용하였다. 그런데 이상하게도 숲 속에 수용한 환자들의 치료 효과가 훨씬 높았다. 병원에서 이 같은 사실을 학술지에 보고하면서 숲의 치료 효과가 관심을 끌게 되었다. 이후 그 학술지에서는 '파인 호스피털(Pine Hospital)'이란 별도 섹션을 만들어 숲의 치료 효과를 연속적으로 다루기도 하였다.

나무들은 왜 피톤치드를 내뿜을까

앞서 말했듯이 피톤치드는 어떤 한 물질을 가리키는 용어가 아니라 식물이 내뿜는 방향성 항균 물질을 총체적으로 나타내는 말이다. 식물은 어떤 종이나 모두 각각 자신을 방어하는 물질을 내뿜는다. 잔디를 깎고 나면 독특한 냄새가 더욱 강해지고, 숲 속에서 나뭇가지가 부러지거나 풀이 밟힐 때 냄새가 더 강하게 나는 이유는 상처받은 식물들이 자기를 방어하기 위해 피톤치드를 강하게 내뿜기 때문이다. 피톤치드 성분은 나무 종류에 따라 다르며, 테르펜을 비롯한 페놀 화합물, 알칼로이드, 배당체 등이 포함된다. 모든 식물은 항균성 물질을 가지고 있어 어떤 형태로든 피톤치드를 함유하고 있다.

많은 사람들이 피톤치드는 소나무를 비롯한 바늘잎나무(침엽수)에서만 나온다고 생각하는데 이는 큰 오해이다. 소나무와 같은 바늘잎나무가 내뿜는 피톤치드 성분이 특히 휘발성이 아주 강한 테르펜 계통 물질일 뿐이다. 테르펜 계통 물질은 톡 쏘는 듯한 향기를 내뿜는데 알파-피넨(α-pinene)을 비롯한 수십 가지의 물질이 여기에 속한다. 이런 강한 향기 때문에 사람들은 바늘잎나무에서만 피톤치드가 나온다고 오해한다. 잎이 넓은 나무들도 생존과 방어를 위해 피톤치드를 내뿜는데 바늘잎나무의 피톤치드와 성분이 달라 냄새가 그렇게까지 독특하지 못한 것이다.

피톤치드를 오래 쐬면 독이 되지 않을까

아무리 좋은 약도 오랫동안 혹은 너무 많이 먹으면 독이 되기도 한다. 그렇다면 일종의 살균 물질인 피톤치드도 오래 맡으면 우리 몸에 해로울까? 그런 염려는 할 필요가 없다. 피톤치드는 살균 작용보다는 항균 작용을 해 면역력을 높여 주기 때문이다. 따라서 자주 오랫동안 피톤치드를 흠뻑 마셔도 된다. 잣나무, 편백나무, 화백나무에서 나온 물질을 쥐에게 투여해 독성 검사를 한 결과 몸에 전혀 해롭지 않다는 사실이 과학적으로 입증되었다.

피톤치드는 어떤 효능이 있을까

피톤치드는 우리 몸의 면역력을 높여 주고, 마음을 안정시켜 스트레스 감소에 탁월한 효능을 보인다. 충북대 수의대에서 쥐를 이용해 실험한 결과는 이를 잘 입증한다. 전기 자극으로 스트레스를 받은 실험용 쥐들에게 소나무, 잣나무, 편백나무, 화백나무에서 추출한 피톤치드를 주입시켜 스트레스 물질인 코르티솔의 농도 변화를 조사하였더니 모든 쥐의 코르티솔 농도가 20~53퍼센트까지 낮아졌다.

필자가 수행한 피톤치드와 인체 생리 변화의 관계 실험에서도 피톤치드가 인간의 심리와 정신적 안정에 매우 중요하게 작용한다는 사실을 알 수 있었다. 생리 활동이 왕성한 20대 초반 대학생들을 대상으로 피톤치드 효과를 조사하였더니, 이들에게서 알파파(안정된 상태에서 발생하는 뇌파)가 많이 증가하고, 감정도 안정되고 편안해지는 상태에 이르는 것을 볼 수 있었다.

피톤치드의 살균 효과에 대한 실험 결과를 보면 그 효능도 알 수 있다. 식중독과 수막염을 일으키는 리스테리아균, 화농과 중이염 등의 원인인 황색포도상구균, 항생제 내성 포도상구균, 폐렴 등을 일으키는 레지오넬라균, 그리고 가려움증이나 여성질염의 원인인 캔디다균을 대상으로 조사한 연구 결과가 그것이다. 이들 균에 대한 피톤치드의 살균력과 시중의 약국에서 파는 항생제, 항진균제의 살균력을 비교했더니 피톤치드가 그 약품들에 버금가는 살균력을 가지고 있는 것으로 나왔다. 특히 레지오넬라균 살균에 있어서는 그 효과가 더 탁월했다. 여기서 우리가 주목해야 할 것은 피톤치드는 일반 항생제에서 나타나는 고질적인 내성이나 부작용이 없다는 점이다.

나무마다 피톤치드 효능이 다르다

앞서 설명한 대로 나무는 각기 다른 성분의 피톤치드를 내뿜어 나무마다 효능이 다르다. 지금까지 알려진 나무의 종류와 피톤치드 함량은 다음 표와 같다.

그러나 중요한 점은, 산림욕의 효능은 피톤치드 효과가 전부는 아니라는 사실이다. 숲에는 피톤치드 이외에도 우리 오감을 자극하고 심리적 안정감을 주는 풍경과, 재미있고 흥미롭게 운동하게 만드는 지형 등 우리 건강을 지키고 회복시켜 주는 수많은 것들이 있다. 따라서 나무에 따라 피톤치드 성분이 다르다고 해서 굳이 한 종류의 나무 숲만 고집할 필요는 없다.

국내 침엽수 수종별 피톤치드 함량

(단위 : ml/100g)

수종	겨울	여름	수종	겨울	여름
전나무	2.9	3.3	삼나무	3.6	4.0
구상나무	3.9	4.8	편백나무	5.2	5.5
소나무	1.7	1.3	화백나무	3.1	3.3
잣나무	1.6	2.1	향나무	1.8	1.4
리기다소나무	0.7	0.8	측백나무	1.0	1.3

*박재철, 「환경과 조경」(1991) 중에서

효과적인 산림욕 방법

산림욕 하기에 좋은 계절은?

산림욕을 피톤치드 발산과 연관하여 생각한다면, 피톤치드 발산이 가장 많은 계절은 봄과 여름이므로 이때가 좋다고 할 수 있다. 그러나 가을과 겨울에도 피톤치드 발산이 없는 것은 아니다. 따라서 계절에 구애 없이 산림욕은 언제라도 우리 몸에 좋다. 또한 산림욕은 피톤치드뿐만 아니라 우리 몸의 모든 감각에 자극을 주는 숲의 요소들을 체험하는 것이므로 굳이 봄과 여름만을 고집할 필요가 없다.

산림욕 하기에 좋은 시간은?

피톤치드 발산량은 기온과 관계 있는데, 정오부터 오후 2시 사이가 가장 많다. 그러나 이때는 기온이 높기 때문에 몸에서 땀이 많이 나고 쉽게 피로해진다. 따라서 우리가 가장 쾌적하게 느끼고 비교적 피톤치드 발산량도 많은 오전 10시경이나 오후 2시경이 산책하기에 좋은 시간이다.

산림욕 하기에 좋은 장소는?

산림욕 하기에 좋은 장소는 따로 없다. 자기에게 맞고 감정이 끌리는 장소면 된다. 계곡이나 폭포 주변에는 음이온이 많이 발생하므로 시원할 뿐만 아니라 음이온을 많이 흡수할 수 있다.

산림욕에 좋은 복장은?

비교적 땀을 잘 흡수하고 공기도 잘 통하는 옷이 좋다. 꽉 조이거나 나일론 계통의 옷은 피하는 것이 좋다.

나무 앞에 서면 절로 고개가 숙여지고 자못 숙연한 마음으로 존
경하지 않을 수 없게 된다. 다름 아닌 지구상의 모든 생명체 중
가장 오래 사는 존재가 바로 나무라는 사실 하나만 가지고도 그
렇다는 것이다. ―오동환 『세상에서 가장 소중한 것은 모두 한 글자로
되어 있다』

숲의 나무와 풀

숲! 이 말을 들으면 어떤 느낌이 드는가? 나는 대학에서 매학기마다 100여
명이 수강하는 '숲과 환경'에 대한 교양과목을 가르친다. 신입생부터 4학년
까지 다양한 학년의 학생들이 수강하는데 대부분 숲과 무관한 전공을 공부
하는 학생들이다. 나는 학생들에게 '숲'이란 말을 들었을 때 무엇이 가장
먼저 떠오르는지 질문하는 것으로 첫 시간을 시작한다. 10여 년 동안 같은
질문으로 얻은 답은 참으로 다양하지만 그 답을 묶어 보면 거의 비슷했다.
평온, 휴식, 어머니·모태, 고향, 순수·순결함, 다양성, 피난처, 고요함, 동

떨어진 장소 등이 그 대답이다.

이 책을 읽는 독자들도 이와 비슷하게 생각하리라 믿는다. 재미있게도 이런 결과는 동서양을 막론하고 거의 비슷하다. 필자가 미국과 캐나다의 원생지 야영객을 대상으로 조사한 설문에서도 대답이 같게 나왔다.

왜 사람들은 숲을 순수하고, 평안하며, 피로와 스트레스에 지친 몸을 이끌고 가서 쉬고 싶은 장소로 꼽는 것일까?

나무를 비롯한 숲의 식물은 인간이 태어나기 전부터 지구에 존재해 왔다. 그리고 그 식물들은 인간이 지구에 출현한 이래 인간의 삶에 결정적인 영향을 주었다. 500만 년 전 아프리카의 사바나 숲에서 태어난 인간은 숲의 식물에게서 먹을거리뿐만 아니라 입을 것과 삶의 터전까지 얻었다. 나무와 풀 등의 여러 식물로 구성된 숲은 인간의 의식과 무의식에 이르기까지 큰 영향을 끼쳐 온 것이다.

인간과 식물, 그리고 숲에 대한 몇 가지 이론을 살펴보자. 먼저 진화이론은, 숲이나 식물에 대한 인간의 반응은 진화의 결과라고 주장한다. 즉, 인간은 환경 변화에 적응하도록 진화해서 숲이나 식물에 심리적·생리적 반응을 한다는 것이다. 진화이론은 인간이 경험하거나 학습되지 않은 상태에서도 자연에 대해 일관되게 반응하는 것이 그 예라고 설명한다. 예를 들면, 사람들은 누구나 아름다운 꽃을 보면 냄새를 맡고, 특정한 자연 형태를 선호한다.

미국 미시간대학 환경심리학자인 캐플란(Kaplan) 교수의 연구에 따르면 사람은 나무만으로 구성된 숲보다는 물과 바위가 어우러진 숲을, 곧은 숲길보다는 적당히 구불거리는 숲길을, 시야가 가려진 울창한 숲보다는 적당히 트인 공간의 숲을 선호한다는 것이다. 이 현상은 민족이나 문화 등 여러 가지 차이를 뛰어넘어 인류가 공통으로 선호하는 것으로 나타나는데, 이는 진화의 결과라고 캐플란은 주장한다. 미국 텍사스 A&M대학의 환경생리학자 울리치(Ulrich)도 진화이론에 동의하면서 인간의 자연에 대한 첫 반응은 매우 감정적이라고 주장한다. 인간의 자연에 대한 감정 반응이 인간의 사고나 기억, 그리고 행동에까지도 영향을 끼친다는 것이다.

과부하와 각성이론(overload and arousal)은, 현대 사회는 인간의 심리적·생리적 부담을 가중시키는데 숲과 같은 자연이 이런 현상을 해소해 준다는 주장이다. 우리가 살고 있는 사회는 우리 감각을 불안정하게 만드는 온갖 요소로 덮여 있다. 소음, 공해, 현란한 색상, 빠른 움직임, 복잡한 체계 등 이런 요소들은 심리적·생리적 균형을 깨뜨린다. 반면 숲과 같은 자연환경은 비교적 단순하고, 변화도 느리며, 우리 감각을 안정시키는 요소들로 구성돼 있다. 따라서 복잡한 일상에서 사람들은 생리적·심리적 과부하를 숲과 자연의 각성 효능으로 회복시키려 한다. 이러한 현상은 사회가 복잡하고 사람들의 과부하가 클수록 반대급부로 더 크게 작용한다. 그래서 사람들은 숲과 자연을 찾아 떠나며 잠시라도 그 과부하의 원인인 일상을 잊으려 한다.

숲을 보면 마음이 안정되고 평안해진다. 이런 변화는 곧 생리적인 반응을 불러일으켜, 긴장되고 불안한 상태에서 나타나는 코르티솔 등의 호르몬 분비를 낮추고, 안정되고 행복한 상태에서 나타나는 엔도르핀(endorphin)

숲은 때 묻지 않은 동심의 세계와 통한다.

과 같은 쾌적 호르몬 분비를 촉진시킨다. 호르몬 변화뿐만 아니라 인체의 반응도 달라진다. 예를 들면, 안정된 상태에서 나타나는 뇌파인 알파파가 증가하고 혈압과 맥박이 감소된다(최근 필자가 국립수목원에서 2박 3일간 숲을 체험한 참여자들의 생리적 변화를 분석한 결과 그것을 확인할 수 있었다).

직접 숲에 와서 느끼는 변화뿐만 아니라 비디오로 간접 체험을 해도 생리적 변화가 나타난다. 환경생리학자 울리치는 대학생들을 대상으로 실내에서 교통체증이 일어나는 장면과 아름다운 숲 경관이 담긴 비디오를 보여주면서 그들의 생리적 변화를 조사했는데, 교통체증 비디오를 볼 때 올라갔던 혈압과 맥박, 그리고 수축되었던 근육이 아름다운 숲 경관 비디오를 본 지 5분 만에 안정된 상태로 회복되는 것으로 나타났다.

또한 일본에서는 말기 암 환자들 침상에 아름다운 숲을 산책하는 비디오를 틀어 놓았더니 환자들이 느끼는 통증이 훨씬 완화되었다는 보고가 발표되었다. 숲의 아름다움이 환자들의 아픔을 잊게 하는 도파민(dopamine) 분비를 촉진시킨 것이다.

식물을 대하면 사람들 마음에 여러 가지 반응이 일어난다. 환경심리학자 캐플란은 숲이 사람들의 마음을 안정시키고 회복시키는 것은 다음 요인을 충족하기 때문이라고 주장한다.

먼저, 숲은 일상에서 떨어져 있다는 느낌을 준다. 다시 말해 복잡한 현실에서 벗어나 탈출할 자유를 준다는 것이다. 숲의 환경은 스트레스를 유발시키는 일상의 환경과 판이하다. 고요함과 쾌적함, 순수한 자연물, 오감을 자극하는 여러 요소 등 이 모든 것이 일상에서 벗어난 느낌을 준다.

숲은 우리 자신을 되돌아보고 자신을 반성하게 한다.

또한 숲은 사생활이 충분히 확보되는 공간이다. 오늘날 현대인은 혼자만의 공간을 갖기 어려운데 숲에서는 그럴 수 있다. 숲이 주는 혼자만의 공간이라는 느낌은 실제 공간 크기와는 상관없다. 조그만 숲에서도 얼마든지나 혼자라는 느낌을 받을 수 있기 때문이다.

학교나 직장 생활 등 현대인들이 살아가는 일상 대부분의 일은 의식을 집중해야 하지만 숲에서는 그럴 일이 없다. 의식적으로 집중하는 일은 결국 강한 스트레스 요인으로 작용한다. 우리가 미처 알아차리지 못하는 동안에도 우리 몸은 일상 생활에서 피로를 느낀다. 하지만 숲에서는 그저 조용히 평화와 안식을 즐기면 된다. 의식을 집중하는 것이 아니라 집중하면서 생기는 스트레스를 편안히 풀 수 있다.

숲의 나무와 식물은 때로는 경외감과 아름다움을, 때로는 포근함을 우리에게 선물한다. 숲에 늠름하게 서 있는 나무를 보라. 아마도 내가 이 세상에 태어나기 훨씬 전부터 나무는 그곳에서 생을 영위하고 있었을 것이다. 몇 백 년의 풍상을 묵묵히 이겨 내고 그 자리에 꿋꿋이 서 있는 나무는 자연에 대한 경외감을 자아내기에 충분하다. 이러한 경외심은 우리 전통 종교의 근본적 믿음과도 맞닿아 있다.

숲의 정령은 오래된 나무로 이루어진 숲에서 쉽게 느낄 수 있다. 미국 올림픽 국립공원의 온대우림 숲과 레드우드 국립공원의 자이언트 숲에서 느낀 나무의 혼령을 나는 아직도 잊을 수 없다. 그렇다고 숲에 대한 경외감을 갖기 위해 굳이 먼 곳까지 갈 필요는 없다. 대관령 소나무 숲에만 가 봐도 충분히 느낄 수 있다.

숲의 나무들은 봄부터 겨울까지 하루하루 다른 색깔과 모습으로 아름다움을 연출한다. 그 어느 위대한 화가도 그려 내지 못할 자연의 색깔로 말이다. 이른 봄의 새싹과 잎사귀는 가냘픈 어린아이 손처럼 부드럽다. 7, 8월이면 숲 식물의 녹색은 절정을 이루고, 한여름이 지나 선선한 바람이 불면 그 빛이 퇴색하는 대신 숨겨져 있던 또 다른 색이 고개를 내민다. 어떤 잎은 노란색, 어떤 잎은 빨간색으로 단풍을 연출하고, 찬바람이 불면 흙속으로 사라진다.

이 과정은 우리의 무뎌진 감각과 감정을 자극시켜 몸과 마음을 건강하게 만든다. 또한 이런 식물이 보여주는 생태계의 순환은 우리에게 자연의 순리라는 삶의 지혜도 깨우친다. 숲의 나무와 식물들은 숲의 중요한 구성체이며, 우리 건강에 직접적이고 강력하게 영향을 준다. 우리 오감을 자극하고 민감하게 만들면서 말이다.

감각을 되살리는 숲 체험
– 감각으로 그림 그리기

준비물

눈가리개, 도화지, 색연필, 숲에서 찾을 수 있는 여러 가지 사물(솔방울, 도토리, 씨앗, 나무껍질 등)

목적

손의 촉각을 활용해서 사물의 형태와 구조를 인지하고, 그 사물을 상상해 그림으로써 감각을 활성화한다.

소요 시간 : 약 10분

방법

1. 참여자의 눈을 가린다.
2. 진행자는 프로그램에 참여한 사람들에게 각각 다른 사물을 하나씩 손에 쥐어 준다.
3. 손으로 충분히 사물을 만져 보게 한다. 이때 모든 감각을 손에 집중하여 사물을 인지하도록 유도한다.
4. 사물을 회수한 뒤 참여자들에게 도화지와 색연필을 나누어 준다.
5. 참여자는 눈가리개를 풀고 자신이 만진 사물을 도화지에 그린다.
6. 그림이 완성되면 실제 사물과 그림을 비교해 본다.

하늘의 햇살은 우리 눈이 일용할 양식이다. −에머슨

숲은
자연광선 치료실

햇빛이 우리 건강에 미치는 영향은 이루 헤아릴 수 없다. 햇빛을 한마디로
표현한다면 생명체 에너지원이다. 숲에는 생명체 에너지원인 햇빛이 그득
하다. 그것도 몸에 직접 내리쬐는 햇빛이 아니라 부드럽고 감미로운 간접
햇빛이. 잘 알다시피 몸에 직접 내리쬐는 강력한 햇빛은 피부에 주름살과
검버섯이 생기게 하는 등 피부를 노화시키고, 심지어는 피부암까지도 유발
하니 조심해야 한다. 그러나 숲에서 즐기는 햇빛에서는 전혀 그런 염려를
하지 않아도 된다. 숲 속의 햇빛은 내 몸에 직접 내리쬐는 것이 아니라 나

뭇잎 등과 같은 숲의 구성 요소들에 반사되어 비치는 간접 햇빛이 대부분이기 때문이다. 상상해 보라. 숲 속에서 나무 사이를 비집고 들어온 햇빛이 내 몸에 닿는 느낌을. 마치 어린아이의 부드러운 손이 내 몸을 만져 주는 듯, 솜이불이 포근하게 내 몸을 감싸는 듯 행복한 기분에 빠질 것이다.

숲 속의 햇빛이 주는 가장 큰 선물은 우리를 행복하게 해주는 세로토닌 분비를 활성화하고, 몸 안에서 비타민 D를 합성한다는 것이다. 햇빛을 받는 양이 줄어들면 우리 몸은 활력이 떨어지고 심신이 위축되어 기분까지 가라앉게 된다. 봄과 여름엔 생기가 돌다 가을철이 되면 자꾸 외로워지고 의욕이 없어지는 것도 이런 이유에서다. 이런 현상이 심해지면 우울증을 앓게 된다.

실제로 우울증이나 불면증 치료에서 광선요법이 자주 사용된다. 미국 캘리포니아 주립대학의 아키스칼(Akiskal) 교수는 겨울에 우울증 환자가 늘어나는 것에 주목해 광선치료를 시작했는데, 치료 후 전반적으로 우울증이 줄어들었다고 한다. 최근 발표된 우리나라 연구에서도 광선치료가 불면증 치료에 효과적이라는 임상 결과가 나왔다. 삼성서울병원 신경과 홍승봉 · 주은연 교수팀은 수면시간지연증후군 환자 50명에게 광선치료를 실시했는데, 80퍼센트인 40명이 정상적인 수면 습관을 되찾았다고 밝혔다. 특히 이들은 수면제 등 약물을 복용하지 않고 광선을 쬐는 것만으로 5~10일 사이에 수면 습관을 정상으로 회복했다는 것이다.

최근에는 광선치료 범위가 정신과적 치료에서 한발 더 나아가 섭식장애, 비만, 학습장애, 황달, 여드름, 고혈압, 입원 환자의 욕창 치료 등에도 응용

나뭇잎 사이로 비쳐드는 햇빛은
우리를 건강하게 해주는 주요한 인자이다.

되고 있다. 미국 '환경건강과 빛 연구소'에서 주의력결핍장애 진단을 받은 플로리다 주 초등학교 1학년 학생들을 대상으로 실험한 결과, 광선치료를 실시한 학생이 그렇지 않은 학생보다 학업 성적이 더 좋았다고 한다. 이와 같은 햇빛의 여러 효과는 햇빛이 가지고 있는 다양한 파장이 각기 다른 역할과 효과를 주기 때문이다. 따라서 숲 속의 햇빛을 쬐는 것은 모든 파장의 가시광선을 한꺼번에 쬐는 것이기 때문에 종합비타민제를 먹는 것과 같다.

숲의 햇빛이 주는 또 하나의 큰 선물은 비타민 D이다. 비타민 D는 가히 만병통치약이라 할 만큼 다방면에서 그 효과가 크다. 최근에 발표된 연구 결과에 따르면 햇빛이 우리 몸에서 합성하는 비타민 D는 암뿐만 아니라 심장병, 다발성경화증, 류머티스관절염, 당뇨병, 치주염 등 각종 질병을 막

파장에 따른 빛(가시광선)의 효과

가시광선 파장	색깔	효과
6,300~7,700Å	적색	혈액순환 촉진, 충혈 해소, 후각 · 시각 · 청각 · 미각 자극, 교감신경계 활성화
5,900~6,300Å	주황색	신체적인 활력에 영향, 몸과 마음의 균형 유지, 우울증 치료
5,500~5,900Å	노란색	신경 강화, 사고 자극, 운동 신경 활성화, 근육에 사용되는 에너지 생성(단시간 위장 계통에 쬐면 소화 기능 강화)
4,900~5,500Å	녹색	향균 작용, 암세포 파괴
4,500~4,900Å	파란색	마음의 평화, 해독 효과, 여드름, 황달, 관절염 치료
4,100~4,500Å	남색	마음을 평화롭게 하고 두려움과 억압에서 벗어나게 함. 눈병과 귓병에 사용
3,900~4,500Å	보라색	정신질환 증상 완화, 감수성 조절, 식욕 억제, 백혈구 조성, 칼륨나트륨의 이온 균형 유지

는 데 탁월한 효과가 있다고 한다. 게다가 심장병과 일부 암을 치료하는 데도 도움이 된다고 알려져 있다. 대장암에 걸린 쥐에게 비타민 D를 투여했더니 암 종양이 40퍼센트나 줄었다는 연구 결과도 있다. 최근 발표된 조사 결과에 따르면 우리나라 사람들은 비타민 D가 심각하게 부족하다. 연세대 의대 내분비내과 임승길 · 이유미 교수팀이 20대 이상의 성인 환자 1,242명을 대상으로 비타민 D 상태를 분석한 결과 30퍼센트 정도가 부족한 것으로 나타났다.

그러면 이와 같이 우리 몸에 유익한 비타민 D를 어떻게 효과적으로 흡수할 수 있을까? 비타민 D는 음식으로 충분히 흡수할 수 없으므로 햇빛을 많이 쬐어야 한다. 이것이 숲에 자주 가서 햇살을 즐기라는 이유다. 미국 캘리포니아대학 갈런드(Garland) 교수에 따르면 햇빛으로 비타민 D 1000IU를 합성시키면 대장암 발병률을 절반으로, 2000IU를 합성시키면 3분의 1로 줄일 수 있다고 한다. 아울러 비타민 D가 부족한 사람은 유방암, 폐암, 전립선암, 방광암, 식도암, 위암, 난소암, 신장암, 자궁내막암, 비호지킨림프종, 자궁경부암, 담낭암, 후두암, 구강암, 췌장암, 호지킨림프종, 대장암 등 18개의 암 발병률이 높다고 경고하고 있다. 즉, 비타민 D 결핍이 각종 암의 가장 큰 발병 요인이라는 것이다. 봄, 여름, 그리고 가을에 숲에서 햇빛을 충분히 쬐어 비타민 D가 체내에 생성되면 햇빛이 적은 겨울에도 건강하게 지낼 수 있다.

햇빛이 합성한 비타민 D가 어떻게 이처럼 놀라운 효능을 나타내는 것일까? 미국 보스턴대학 홀릭(Horlyck) 교수에 따르면, 비타민 D는 체내에서 유익한 호르몬으로 변해 뼈를 보호하고, 세포 증식을 조절하며, 암을 유발하는 세포 증식을 억제하는 역할을 한다고 한다. 우리 몸의 세포에는 모두 비타민 D 수용체가 있어 비타민 D가 있어야만 세포들이 제 기능과 역할을 최대한 할 수 있다는 것이다.

자, 이제 자투리 시간이라도 생기면 가까운 숲으로 나가 햇빛에 흠뻑 몸을 적셔 보자. 기분이 상쾌해지고 온몸에 생기가 돌 것이다. 내 몸 안에 비타민 D도 축적하고 말이다.

비타민 D 생성에 도움이 되는 음식

음식	양	함유량(IU)
대구간유	1숟가락	1360IU
구운 연어	100g	360IU
구운 고등어	100g	345IU
참치 통조림	85g	200IU
정어리 통조림	50g	250IU
영양소 강화우유	1컵	98IU

*미국 국립보건연구원의 식품영양연구실

우리의 생에서 균형과 조화를 이루는 가장 좋은 방법은 우리 주변에, 그리고 우리 안에 위대한 힘이 있다는 것을 알고 믿는 것이다. 그렇게 되면 우리는 현명하게 살아갈 수 있다. ─에우리피데스

숲이 만드는 보약, 산소

숲은 거대한 산소 공장이다. 너무나 잘 아는 사실이지만 산소는 인간을 비롯한 모든 살아 있는 생명체가 생명을 연장하기 위해 필요하다. 연구에 의하면 숲 1헥타르에서 1년간 16톤의 이산화탄소를 흡수하고, 12톤의 산소를 방출한다고 한다. 한 사람이 하루에 필요한 산소 양은 0.75킬로그램 정도이므로 1헥타르 숲이 생산하는 산소는 45명이 1년간 숨쉴 수 있는 양이다.

산소는 웰빙과 내추럴빙의 중심에 있는 물질이다. 그래서 깊은 숲 속의 무공해 산소를 캔에 담아 판매하기도 하고, 신선한 산소를 제공해 주는 산

소방도 인기가 대단하다. 생명이 위독한 응급환자에게 산소를 공급하는 산소 마스크는 필수적이다.

산소는 아주 붙임성이 좋은 물질이다. 누구와도 잘 어울린다. 물과 어울리면 이산화수소가 되고, 철과 어울리면 녹이라 불리는 산화철이 된다. 우리가 음식을 통해 섭취하는 탄수화물, 단백질, 지방도 산소의 화합물이다. 심지어 유전 정보를 저장하는 DNA에도 산소가 들어 있다고 하니, 산소가 없다면 이 세상의 모든 물질은 존재가 불가능할 것이다.

우리가 잘 아는 것과 같이 나무를 비롯한 녹색 식물은 광합성이라는 화학작용으로 산소를 만들어 낸다. 즉, 녹색 식물이 이산화탄소와 물에서 포도당을, 태양의 빛에너지를 이용하여 합성하는 것이다. 이를 화학식으로 표현하자면 이렇다.

$$6CO_2 + 12H_2O + 빛에너지(686\,kcal) \rightarrow (엽록체) \rightarrow C_6H_{12}O_6 + 6O_2 + 6H_2O$$

이 세상에서 가장 아름답고 귀중한 화학식이 바로 광합성이다. 그래서 프랑스 작가 자크 리비에르(Jacques Rivière)는 "결국 모든 생명이—아무리 고상한 사상이라도, 아무리 위대한 성덕이라도— 푸른 잎 속의 광합성의 기적을 먹고 산다."고 하지 않았는가.

이렇게 귀중한 산소를 만들어 내지만 나무를 비롯한 녹색 식물은 광합성을 하기 위해 어떤 특별한 조건이나 대가를 요구하지 않는다. 단지 지구 대기에 흔한 탄산가스와 햇빛, 그리고 물만 필요로 할 뿐이다. 그리고 이 물

결국 모든 생명은

푸른 잎 속의 광합성의 기적을 먹고 산다.

숲 속의 비타민, 음이온

언제부턴가 음이온이 몸에 좋다고 하여 음이온 공기청정기, 음이온 에어컨 등의 전자 제품이 인기를 끌고 있다. 심지어 음이온 팔찌도 있다. 그렇다면 음이온은 무엇이고, 왜 건강에 좋은 것일까? 신비의 물질처럼 소개되는 음이온은 사실 특별한 것이 아니다. 이온이란 전기를 띤 눈에 보이지 않는 미립자, 즉 원자나 분자를 말하는데 공기 중에는 양이온과 음이온이 모두 떠다니고 있다. 음이온은 원자나 분자가 전자를 받아들인 것이고, 반대로 양이온은 가지고 있던 전자를 빼앗긴 것이다.

숲에는 왜 음이온이 많을까

음이온은 일반적으로 폭포나 숲 근처에 많다. 폭포는 중력 때문에 물이 높은 곳에서 낮은 곳으로 떨어지는 것인데 이때 위치에너지가 전기에너지로 변하면서 음이온이 생긴다. 물살이 센 계곡이나 파도 치는 해변에 음이온이 많은 것도 같은 이유 때문이다.

숲에서도 이산화탄소를 호흡하고 산소를 만들어 내는 광합성 작용 과정에서 음이온이 많이 발생한다. 한번 만들어진 음이온은 영구불변하지 않고 양이온을 중화하는 데 진력한다. 양이온은 대부분 오염 물질이나 먼지 등이 많은 곳에 존재하는데 전자 제품, 휴대전화 등에서도 양이온이 발생한다.

숲에 음이온이 많은 이유는 숲이 광합성 작용으로 음이온을 만들어 낼 뿐만 아니라 숲에는 오염 물질이나 전자 제품 같은 것이 없어 음이온이 그대로 간직되어 있기 때문이다. 실제로 숲 속에 존재하는 음이온 양은 1세제곱센티미터당 800~2,000개로, 도시의 실내보다 14~70배 이상 많다고 한다.

음이온이 왜 몸에 좋은가

깨끗하고 신선한 공기에는 음이온 비율이 높은데 보통 음이온이 공기 1세제곱미터당 700개 이상이 되어야 건강 유지에 도움이 된다. 음이온이 1,000개 이상인 경우 알파파가 활발히 활동해 긴장이 완화된다. 또한 음이온이 많은 공기는 두통을 없애 주고, 호흡기 질환을 일으키는 신경호르몬인 자유히스타민(free histamin)을 억제하는 효과도 있다고 한다.

숲으로 가자! 깨끗한 공기, 신선한 산소,

맑은 음이온을 온몸으로 느끼자.

숲 속의 폭포는 거대한 음이온 발전소다.

음이온 효과를 긍정적으로 보는 학자들은 음이온이 피를 맑게 하고, 피로를 풀어 주며, 식욕을 증진시키고, 집중력을 높이는 데도 효과가 있다고 말한다. 또 우리 몸의 면역 성분인 글로불린(globulin) 양을 증가시켜 인체 면역력을 높이는 데도 탁월하다고 주장한다.

우리 몸은 수많은 세포로 만들어져 있는데, 세포막으로 둘러싸인 이 세포들은 영양을 공급받고 노폐물을 배출시키는 중요한 역할을 한다. 음이온은 세포의 역할이 원활해지도록 돕기도 한다. 세포가 제 역할을 제대로 못하면 대사가 잘 안 되기 때문에 몸 전체의 생리 작용이 쇠퇴하며 여러 가지 질병으로 이어질 수 있다. 노폐물이 잘 배출되지 않으면 혈액이 산성화되어 각종 병원균에 대한 저항력도 떨어진다.

자연 음이온 발생기, 숲만으로도 충분하다

음이온이 건강에 좋다는 얘기가 나오면서 시중에 온갖 음이온 제품들이 쏟아져 나오고 있다. 그런데 문제는 아직 이런 제품들의 효능이 과학적으로 정확하게 밝혀지지 않았다는 점이다. 따라서 이런 제품에 의존하기보다는 자연의 음이온 창고인 숲에 자주 가서 음이온을 흠뻑 마시는 것이 좋다.

주말에 숲을 찾아가자. 숲 속 계곡에서 편안하게 쉬면서 몸과 마음을 열어 놓고 깨끗한 공기, 신선한 산소, 맑은 음이온을 온몸으로 느끼자. 온몸 구석구석에 쌓인 노폐물이 다 빠져나가고 세포 하나하나의 대사가 원활해지면서 온몸에 활기가 도는 것이 느껴지리라. 이것이야말로 숲의 비타민인 음이온을 효과적으로 흡수하는 방법이다.

일상 생활에서도 자주 실내를 환기시켜 신선한 공기를 유입시켜야 한다. 기계로 만든 음이온 청정기에 의존하기보다는 화초를 길러 산소와 음이온을 공급받는 것이 좋다. 실내에서 키우는 식물은 살균, 공기 정화 효과와 함께 마음과 정서 안정에도 효과적이다.

2장

숲에서
변하는 우리 몸

행복의 호르몬 세로토닌,
숲에서 깨워라

사랑에 빠진 사람은 얼굴부터 다르다. 사랑하는 사람의 모습이 떠올라 자
신도 모르게 자꾸 웃는다. 별것 아닌 일에도 감동 받고, 다른 사람에게 친
절해지기도 한다. 왜 사랑은 사람을 이렇게 '행복한 흥분'에 빠지게 하는
것일까?

미국 러트거스대학의 피셔 교수는 이 이유에 대해 사람이 사랑에 빠지면
사랑의 단계마다 뇌에서 다른 화학물질, 즉 호르몬이 분비되기 때문이라고
밝혔다. 사랑의 첫 단계에서 나오는 호르몬은 도파민, 아드레날린, 세로토

닌(serotonin)이다. 이들 물질은 사람을 사랑에 눈멀게 하여 사랑하는 사람만 생각하게 만들고, 연인을 보면 가슴이 두근거리며, 그 사람의 모든 것이 예쁘고 아름답게만 보이도록 한다. 그 단계가 지나면 페닐에틸아민이 분비되기 시작하는데, 이는 중추신경을 자극하는 천연 각성제 구실을 한다. 이때는 사랑에 대한 제어하기 힘든 열정이 분출되고 행복감에 빠져들기도 한다. 사랑하는 사람을 만나기 위해 밤새 그녀의 집 앞에서 기다린다든지, 집안의 반대를 무릅쓰고 사랑을 선택하여 가출한다든지 하는 행동이 바로 이 페닐에틸아민 때문이다. 사랑의 완성 단계에서는 옥시토신이란 물질이 분비되는데, 이 물질은 사랑하는 사람을 보면 성적 매력과 흥분을 느껴 껴안고 싶은 충동을 일으키게 만들기도 한다.

세로토닌은 이렇게 사람이 사랑과 행복의 감정에 젖어, 기분 좋고 활기차게 생활하게 만든다. 세로토닌은 뇌에서 만들어지는 신경전달물질로, '혈액(sero)'에서 분리된 '활성물질(tonin)'이란 뜻을 가지고 있다. 사람을 행복하게 만들어 주는 세로토닌 분비가 제대로 되지 않거나 뇌에서 바로 없어져 버리면 반대로 여러 질병과 증상이 나타나는데, 대표적인 것이 우울증이다. 그래서 우울증 치료약은 세로토닌을 활성화하거나 세로토닌을 뇌에 오래 머물도록 하는 성분으로 만들어졌다. 프로작이나 졸로프트 같은 것들이 바로 이런 약들이다. 특히 여성은 이 세로토닌의 혈중 농도가 조금만 변해도 민감하게 반응해서 생리 전후에 우울증이 심해지기도 한다. 여성 우울증 환자가 남성보다 많은 이유도 여성이 세로토닌 분비에 더 민감하기 때문이다.

또한 세로토닌은 잠을 잘 자게 만들어 주기도 한다. 세로토닌이 멜라토닌과 작용하면서 인체의 생체시계가 잘 돌아가게끔 하기 때문이다. 이 생체시계는 에너지와 체온, 숙면과 깊은 관계가 있다. 세로토닌이 부족해 우울한 사람은 생체시계 또한 제대로 작동하지 않기 때문에 매사에 의욕이 없고 제대로 잠을 잘 수가 없다. 우울증과 불면, 의욕상실이 서로 연관이 있는 이유가 바로 세로토닌이 부족하기 때문이다. 세로토닌이 부족할 때 생기는 또 한 가지 잘 알려진 증상은 식욕 조절을 상실시켜 비만을 만든다는 것이다.

그렇다면 이 행복의 물질인 세로토닌을 어떻게 하면 우리 몸에서 잘 만들어 내고 뇌에서 오래 간직하도록 할 수 있을까? 연구에 따르면 세로토닌의 전구물질은 트립토판(tryptophan)이란 물질인데 이는 여러 가지 음식을 통해 섭취할 수 있다. 특히 바나나, 요구르트, 우유, 달걀, 고기, 견과류, 콩, 생선, 치즈 등에 풍부하다고 알려져 있다. 아직 완전히 밝혀지지는 않았지만 많은 전문가들이 이런 음식을 먹어 인체에 아미노산 트립토판이 증가하면 세로토닌도 증가한다고 주장하고 있다.

세로토닌의 생성 주기는 태양의 사이클과 일치한다. 다시 말하면 낮에, 그것도 햇볕이 좋은 한낮에 많이 생성된다. 햇볕을 제대로 쬘 수 없는 우기나 겨울에 기분이 울적하고 우울증 환자가 많이 생기는 이유가 바로 이 때문이다. 사회보장제도가 완벽한 북구의 나라들에서 자살률이 높은 이유도 햇볕이 부족한 극지방의 날씨와 세로토닌의 생성과 관계있다고 보고 있다. 또한 밤낮을 거꾸로 사는 올빼미 족에게도 세로토닌이 제대로 분비되지 않을 수 있다. 그래서 해가 진 뒤에는 자고, 해가 뜨면 일어나는 정상적인 생활 규칙이 몸에 좋은 것이다.

또한, 긍정적인 사고와 규칙적인 운동은 세로토닌 분비를 돕는다. 스트레스를 받거나 울적하고 기분 나쁜 일은 세로토닌의 분비를 억제시키고 더욱더 우울하게 만든다.

세로토닌의 증가에 도움이 되는 햇볕, 운동, 긍정적인 사고와 생활 등은 숲을 꾸준히 이용하면 얻을 수 있다. 숲은 우리에게 충분한 양의 햇볕을 제공하는데, 직접적인 햇볕과 아울러 나무 그늘에 의한 간접적인 햇볕까지 적절하게 쬘 수 있도록 하기 때문에 아주 효과적이다. 직접 햇볕을 오래 쬐면 지나친 자외선 때문에 피부 노화가 촉진되고 피부암, 백내장 같은 질병에도 걸리기 쉽다. 자외선은 피부에 백해무익하다. 자외선을 많이 받은 피부는 수분이 심하게 증발돼 피부에 잔주름이 생기고 탄력성도 줄어들며, 각질층이 두꺼워져 노화 현상이 촉진되기 때문이다. 자외선 중 UVB는 피부 세포 속 DNA를 파괴하는 활성산소를 만드는데, 활성산소가 소량인 경우에는 피부가 회복되지만 그 양이 많으면 피부암이 되기도 한다. 숲의 햇볕은 강렬하지 않고 적당하여 세로토닌 분비를 촉진시킬 뿐만 아니라, 어떤 음식에서도 섭취할 수 없는 비타민 D를 충분히 만들어 주며, 백혈구를 증가시켜 우리 몸의 면역력을 높여 준다.

숲은 우리의 원초적 생리와 코드가 맞아 숲에 가면 즐겁고 마음이 편안해진다. 즉, 숲은 감정도 긍정적으로 변화시킨다. 숲 속의 모든 사물은 우리의 움츠렸던 마음을 풀어 준다. 그래서 기분이 울적할 때 사람들은 숲을 찾아가 마음의 평온을 얻는다. 그러므로 숲 산책은 세로토닌의 분비를 왕성하게 하는 생활 습관이 될 수 있다.

마지막으로 숲에서는 정말 흥미롭고 자연스럽게 운동할 수 있다. 운동은 억지로 해서는 안 된다. 몸에 좋으니까 할 수 없이 해야지 하는 마음으로 운동하면 몸에 큰 도움이 되지도 않을뿐더러 작심삼일이 되기 십상이다. 그러나 숲에 가면 자연스럽게 운동이 된다. 오르막 내리막을 적당히 걷다보면 힘들이지 않고 재미있게 운동 효과를 볼 수 있다. 또 언제든지 혼자, 혹은 가족이나 친구 어느 누구와도 운동할 수 있어 행복하고 즐겁게 생활하게 된다.

자가 진단 건강 체크

1. 아침에 가뿐히 일어난다. ( )	억지로 일어난다. ( )
2. 밥을 천천히 먹는 편이다. ( )	빨리 먹는 편이다. ( )
3. 걷는 게 즐겁다. ( )	억지다. ( )
4. 운동을 규칙적으로 한다. ( )	따로 하지 않는다. ( )
5. 피로감을 잘 못 느낀다. ( )	자주 느낀다. ( )
6. 성질이 느긋한 편이다. ( )	조급한 편이다. ( )
7. 마음 상태가 밝고 긍정적이다. ( )	어둡고 부정적이다. ( )
8. 달, 별, 낙조를 자주 바라본다. ( )	거의 안 본다. ( )
9. 명상이나 사색을 가끔 한다. ( )	거의 안 한다. ( )
10. 지금 사랑에 빠져 있다. ( )	아니다. ( )

* 앞 괄호는 1점, 뒤 괄호는 0점으로 합산하여 아래 기준에 따라 진단한다.

　　0~4점 : 정신과 상담을!

　　5~7점 : 생활에 액센트를!

　　8~10점 : 축하합니다!

행복한 삶을 위한 단순한 비결
-BBC 행복위원회의 행복 헌장 10계명

1. 운동을 하라. 일주일에 3회, 하루 30분씩이면 충분하다.

2. 좋았던 기억을 떠올려라. 하루를 마무리할 때마다 당신이 감사해야 할 일 다섯 가지를 생각하라.

3. 대화를 나누어라. 매주 한 시간은 배우자나 가족, 친한 친구와 대화를 나눠라.

4. 식물을 가꾸어라. 아주 작은 화분도 좋다. 죽이지만 말라!

5. TV 시청 시간을 절반으로 줄여라.

6. 미소를 지으라. 적어도 하루에 한 번은 낯선 사람에게 미소를 짓거나 인사를 하라.

7. 친구에게 전화하라. 오랫동안 소원했던 친구나 지인들에게 연락해서 만날 약속을 세워라.

8. 하루에 한 번 유쾌하게 웃어라.

9. 매일 자신에게 작은 선물을 하라. 그리고 그 선물을 즐기는 시간을 가져라.

10. 매일 누군가에게 친절을 베풀어라.

*리즈 호가드, 『행복』 (예담) 중에서

오감을 살려 주는 숲

숲에는 무엇이 있는가? 우선 눈을 감고 내가 숲 속에 있다고 상상해 보자. 주변에 무엇이 보이는가? 가장 먼저 나무가 눈에 들어온다. 나무 종류도 다양하다. 소나무처럼 잎이 바늘같이 생긴 것과 참나무처럼 잎이 넓은 것, 전나무처럼 키가 큰 것, 싸리처럼 키 작은 나무…. 그리고 나무들 아래로 포근하게 깔려 있는 풀과 야생화들. 그 다음 눈에 보이는 것은 몇 천 년, 아니 몇 만 년 전부터 그 자리를 지켜 온 듯한 커다란 바위, 계곡물, 그 주위를 맴도는 다람쥐와 청설모 같은 작은 야생동물, 온갖 산새, 야생화의 달콤

함에 빠진 나비와 벌 같은 곤충, 흙바닥을 열심히 뛰어다니는 개미…. 또한 눈에 보이지는 않지만 코끝을 자극하는 상쾌한 냄새, 나뭇가지 사이로 올려다보이는 푸른 하늘과 그 하늘에 떠가는 구름 조각, 입맞춤 하듯 뺨을 스치는 부드러운 바람…. 이렇듯 헤아릴 수 없이 많은 것이 숲 속에 있다.

숲에 있는 것 하나하나가 우리의 오감을 자극하고 다시 살려 준다. 가장 먼저 시각을 예로 들어 보자. 우리 인간은 몇 백만 년을 숲의 녹색과 어울려 살아 왔다. 그런데 오늘날은 녹색과 같은 자연 색이 아니라 온갖 화려한 원색의 인공 색이 우리 눈을 어지럽힌다. 현란한 네온사인, TV 광고, 간판 등 모두 하나같이 눈을 자극하여 시력을 감퇴시킨다. 우리 눈을 보호한다고 하는 녹색조차도 숲의 녹색과는 차이가 커, 되려 우리 시력을 떨어뜨린다는 것이 전문가들 판단이다. 이런 현상으로 이제는 안경을 쓴 사람이 정상일 정도다. '눈이 피로해지거든 잠시라도 창밖의 숲을 바라보라.' 이것이 안과의사가 추천하는 평범하지만 가장 효과적인 눈 보호법이다.

숲에서는 고요함과 자연의 소리를 들을 수 있다. 고요함을 들어 보았는가? 몇 년 전 겨울 함박눈이 월악산 온 산을 뒤덮었을 때 어느 골짜기에서 엄청나게 큰 침묵의 소리를 들은 적이 있다. 섬뜩하기까지 했던 그 고요의 소리. 나는 침묵의 소리가 세상에서 가장 크다는 것을 그때 처음 알았다. 눈의 무게를 견디지 못한 나뭇가지가 갈라졌을 때에야 그 무거운 적막은 날카롭게 찢겼다. 그 소리는 마치 태초의 소리인 양 내 청각의 처녀성을 파괴했다. 적막하고 고요한 숲은 태초의 신비감을 체험하게 한다.

숲에서 들려주는 자연의 소리는 세상의 온갖 소음에 더러워진 우리 귀를 말끔히 씻어 주는 청량제 역할을 한다. 자연의 소리는 헝클어졌던 마음도 차분히 가라앉힌다. 이것이 바로 자연 음악 치료의 기본 개념이다. 새소리, 물소리, 바람소리 등 숲에서 들을 수 있는 자연 소리는 참으로 리듬이 오묘하다. 잘 들어 보라. 그 소리들은 불규칙한 것 같지만 규칙적이다. 이것을 1/f 리듬이라고 한다. 1/f 리듬은 자연 소리처럼 귀에 거슬리지 않고 우리의 몸과 마음을 안정시키는 것이 특징이다. 인체도 자연물이어서 1/f 리듬을 가지고 있는데 이 신호가 자연의 소리와 맞아떨어지기 때문이다. 그런데 현대인들은 1/f 리듬을 파괴하면서 살아간다. 따라서 숲에서 청각을 회복시키는 것은 잃어버린 생체 리듬을 바로잡아 건강과 활력을 되찾는 행위이다.

숲에서 느끼는 오감 중 우리를 즐겁게 하는 또 하나는 상쾌하고 시원하게 후각을 자극하는 냄새다. 비가 촉촉이 내린 여름철 숲 속을 걸어 본 일이 있는가? 소나무 숲에서 피어오르는 상큼하고 달콤한 향은 우리의 폐 허파꽈리 깊숙이 파고들어 전율을 일으킨다.

냄새와 치매에 관한 재미있는 연구 결과가 있다. 미국 컬럼비아대학의 디반앤드(Devanand) 교수가 발표한 연구 자료에 따르면, 치매가 발병하면 어떤 특정한 냄새를 구별하는 능력이 떨어진다고 한다. 따라서 냄새를 민감하게 맡을 수 있다면 치매에 걸릴 확률이 적다는 것이다. 숲은 후각을 예민하게 하므로 숲 산책은 치매에 걸릴 위험을 줄이는 좋은 예방법이다.

숲을 걷거나 숲에서 활동할 때 가장 중요한 것은 오감을 활짝 열고 모든 것을 받아들이려는 자세이다. 눈으로 보는 숲의 아름다움, 자연의 소리, 어

숲 속에서는 작은 풀 한 포기, 이슬 방울도
우리의 감성을 자극한다.

숲은 행복이 가득한 유토피아다.

느 값비싼 향수도 흉내낼 수 없는 특유의 향긋함. 이 모든 것을 즐기며 숲을 즐겨 찾으면 우리는 보다 건강해진다. 숲에서도 열심히 정상만을 향해 땀 흘리며 오른다면 헬스클럽에서 러닝머신 위를 달리는 것과 무엇이 다르랴? 숲은 우리의 오감을 되살리고, 그것은 우리 몸의 생리 활동뿐만 아니라 마음과 정신까지도 건강하게 한다.

맨발로 숲길 걷기

숲을 걷다 보면 낙엽이 쌓인 길이나 부드러운 흙길도 있다. 이런 길은 신발을 신고 걸어도 발바닥이 폭신하지만 이런 곳에서 제대로 즐기려면 신발과 양말을 벗고 맨발로 걸어 보자. 숲과 내가 하나가 되어 온몸으로 숲과 대지의 심장 소리를 듣는 경험을 할 수 있으리라.

처음에는 맨발의 감촉이 이상하게 느껴지겠지만 차츰 익숙해질 것이다. 나의 몸과 마음 모든 것이 숲과 하나가 된다는 느낌으로 천천히 한 발자국 한 발자국 걷자. 그러다 보면 어느 순간 온몸이 감전된 듯하며 원시적 감각이 살아날 것이다.

맨발로 걷는 것은 숙면, 소화기 계통 강화, 변비 해소 등에 아주 효과가 좋다. 맨발로 걸으면 먼저 마사지 효과로 우리의 몸과 마음이 이완된다. 그리고 혈액순환이 잘 된다. 또한 장에 자극을 주어 소화와 배변 활동을 돕는다. 특히 변비로 고통을 겪는 사람들에게 권할 만한 방법이 숲길 맨발 걷기이다. 『맨발로 걷는 즐거움』이란 책을 쓴 박동창 씨에 따르면 맨발 걷기는 남자의 성기능을 강화시키고, 갱년기 여성의 생리 활동도 활발하게 해주며, 무좀과 발 냄새로부터 해방시켜 준다고 한다.

그러나 맨발 걷기는 30분 이상 하면 몸에 무리가 오기 쉽다. 특히 당뇨가 있는 사람은 피부가 연약하므로 조심해야 한다. 임산부에게도 맨발 걷기는 위험하다.

맨발 걷기가 끝나면 발을 깨끗이 잘 씻고 마사지를 해주어 발의 피로를 풀어 주는 것이 좋다.

숲에서 10분간만 산책해도 호흡과 마음이 부드러워진다. 나는
새로워지는 것을 느끼며, 온몸과 마음이 재충전되는 것을 느낀다.
–틱낫한

알파파를
증가시키는 숲

인간의 마음은 어디에 있을까? 마음을 정의하는 것은 학자들에 따라 많은
논란이 있을 수 있지만, 마음을 단순히 우리의 생각과 행동을 지배하는 것
이라고 정의한다면 뇌가 그곳이라는 데 누구도 의심하지 않는다. 그래서
일반적으로 생명도 뇌의 활동과 연결지어 설명한다. 뇌의 활동이 정지되는
순간, 즉 뇌사의 순간을 보통 죽음으로 판정한다.

　고대 그리스와 이집트 사람들은 마음이 심장에 있다고 믿었다. 그리스
철학자 아리스토텔레스는 "심장은 마음을 담는 곳"이라고 말했다. 이집트

인들은 사람이 죽으면 영혼이 다시 살아 죽은 몸으로 돌아올 것이라고 믿어 시신을 썩지 않는 미라로 만들었다. 이때도 사람 마음이 심장에 있다고 믿었기 때문에 썩기 쉬운 부분인 뇌는 제거하지만 심장은 그대로 두었다고 한다. 그래서 영어에서는 심장과 마음을 똑같이 '하트(heart)'로 쓴다. 한자에서도 '심장(心臟)'은 마음을 담는 장기란 뜻이므로 영어의 어원과 일맥상통한다고 할 수 있다.

뇌는 호흡, 혈액순환, 몸의 움직임 등 신체의 모든 부분을 제어한다. 또한 생각하고, 감정을 조절하고, 판단하는 곳이기도 하다. 한마디로 뇌는 사람을 사람답게 만드는 역할을 한다. 현대에 이르러 과학의 발전으로 뇌의 신비가 속속 밝혀지고 있는데 그에 따라 뇌의 중요성은 더욱 커지고 있다.

사람의 마음, 즉 심리 상태에 따라 뇌의 활동이 변한다는 사실은 이미 많은 학자들이 밝혀냈다. 사람이 긴장하거나 초조할 때, 주의 깊게 관찰할 때, 안정되어 있을 때, 수면 상태일 때 뇌의 활동은 각각 다른 형태로 변한다. 뇌의 이러한 작용에 대한 연구는 1924년 독일의 정신과 의사인 한스 베르거(Hans Berger)가 사람의 뇌파를 측정하는 실험을 하면서 시작되었다. 이후 뇌파는 의학계뿐 아니라 스포츠 심리학, 범죄 수사 등에도 쓰일 만큼 인간의 심리 분야 연구에 다양하게 사용되고 있다.

뇌파는 다음 표에서 알 수 있듯 주파수와 진폭에 따라 베타파, 알파파, 세타파, 델타파로 나뉜다. 이들 뇌파는 각각 서로 다른 정신과 심리 상태를 반영한다.

일반적으로 베타파는 긴장하거나 집중해서 일할 때 나타나며, 진폭이 작

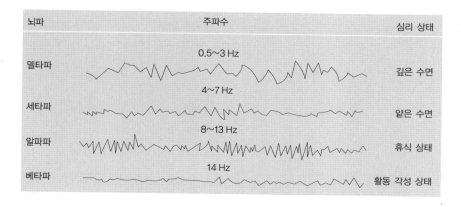

뇌파	주파수	심리 상태
델타파	0.5~3 Hz	깊은 수면
세타파	4~7 Hz	얕은 수면
알파파	8~13 Hz	휴식 상태
베타파	14 Hz	활동 각성 상태

고 형태가 불규칙적이다. 반면 알파파는 마음이 편하고 안정되어 있을 때 나타나며, 진폭은 크고 규칙적이다. 세타파나 델타파 같은 뇌파는 주로 수면 상태에서 나타나므로, 우리가 의식이 있는 상태인 일상에서는 주로 알파파와 베타파가 나타난다고 볼 수 있다.

뇌파가 사람의 심리 상태에 따라 변한다면 일상의 복잡한 환경과 숲에서의 뇌파는 달라질까? 그렇다. 숲에서는 많은 사람이 편안한 기분을 느끼며 심리적으로나 육체적으로 이완된다고 한다. 이를 증명하기 위해 우리가 생활하는 일상 환경과 숲에서의 뇌파 변화를 비교해 보았다. 다음의 그래프에서 보는 바와 같이, 산림욕을 한 후 측정한 뇌파 실험에서 알파파의 양이 눈에 띄게 증가하는 것을 확인할 수 있었다.

알파파에 대해 좀 더 살펴보자. 앞에서 간단히 설명했지만 알파파는 사람이 안정된 상태에서 나타난다. 또한 알파파는 긴장과 초조 상태에서 나타나는 베타파 상태일 때보다 상상할 수 없을 만큼 기억력과 창의력, 집중

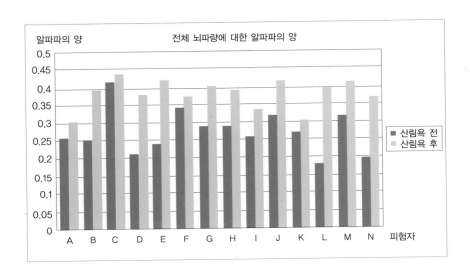

알파파의 양 　　　　전체 뇌파량에 대한 알파파의 양

피험자

■ 산림욕 전
■ 산림욕 후

력이 향상된다고 한다. 일반적으로 알파파는 좋아하는 음악이나 자연의 소리를 듣는다든지 할 때 정신이 맑아지면서 발생한다. 참선이나 기도 등에 빠졌을 때도 알파파가 증가한다.

숲에 가면 안정되고 피로도 풀리는데, 그 생리적인 증거로 뇌에서 알파파가 증가하는 것이 실험으로 확인되었다. 뇌파 변화가 인체 건강에 큰 영향을 끼친다는 것은 의학계에서 일반적인 사실로 인정되고 있다. 스트레스 상태에서 나타나는 베타파의 증가는 사람의 면역 기능을 약화시키고, 호르몬 생성의 균형을 깨뜨려 육체적 또는 정신적 질병에 쉽게 걸리게 한다. 반면 알파파의 증가는 기억력, 창의력, 집중력의 증가를 가져온다. 특히 기억력은 알파파와 비례하는데, 실험에 따르면 알파파와 베타파의 증가 상태에서 무작위로 단어를 외우게 한 결과 알파파가 증가한 상태에서 단어를 훨씬 많이 기억했다고 한다. 그러니 이제부터는, 잊지 말아야 할 중요한 약속은 알파파의 증가가 많아지는 숲에서 하자. 가령 결혼 서약을 숲에서 하면 어떨까. 우리나라 이혼율이 세계 최고 수준이라는데, "즐겁거나 슬플 때, 건강하거나 병들었을 때에도 한결같이 사랑하겠다."는 결혼 서약을 숲에서 하면 평생 잊지 않을 것이고, 따라서 이혼도 줄어들지 않을까. 너무 순진한 발상이라고 비웃지 마시라.

알파파 효능을 한 가지 더 소개하자면, 알파파의 증가는 체중 조절에도 도움이 된다. 체중 조절의 핵심은 소화기 계통의 활동을 효과적으로 균형 잡아 주는 것이다. 알파파는 부교감신경을 활성화시키는데, 부교감신경이 효과적으로 작용하면 소화기 계통이 균형 있게 활동한다. 숲을 찾음으로써 얻는 다이어트는 부작용이 하나도 없다. 그야말로 가장 이상적인 체중 조절 방법이다.

알파파 증진을 위한 숲 명상법

1. 아늑하고 조용한 장소를 찾아라. 몸과 마음이 안정될 수 있는 곳, 특히 바람이나 물 흐르는 소리 등 자연 소리가 배경으로 들리는 곳이면 좋다.

2. 근육을 이완시켜라. 긴장이 풀릴 때까지 기다린다. 머리, 목, 어깨 순서로 근육을 풀어 주는 것이 효과적이다. 마사지하듯 얼굴부터 가슴까지 부드럽게 세 번 쓰다듬어 준다. 그리고 천천히 목을 세 번 뒤로 젖힌다. 머리와 목을 오른쪽 어깨 쪽으로 세 번, 왼쪽 어깨 쪽으로 세 번 구부린다. 머리를 시계 방향으로 세 바퀴 돌린다. 마지막으로 시계 반대 방향으로 세 바퀴 돌려 준다.

3. 똑바로 앉는다. 허리를 곧게 펴고 가부좌를 튼다.

4. 매일 규칙적으로 명상한다. 하루에 5분간이라도 매일 규칙적으로 하는 것이 중요하다.

5. 과식했거나 극도로 피곤할 때는 피해라.

6. 집중할 하나를 선택해라. 호흡이든, 눈앞에 보이는 바위나 나무든, 몰입할 대상 하나를 선택한다.

7. 집중할 대상에만 집중하라. 어떤 것을 선택하였든지 그것에만 집중해야 한다. 단, 억지로는 하지 말 것. 만일 내면으로 집중하려면 눈을 감는 것이 좋다. 잡생각이 나면 억지로 끊지 말고 그대로 둔 채 다시 집중하라. 모든 생각이 없어지고 자연스럽게 집중될 때까지 계속 하라.

8. 마무리 위의 동작을 두 번 반복한다.

3장

숲이 주는
마음과 정신의 건강

두려움은 자연스런 감정이다. 그것이 내게 와서, 그리고 지나가
도록 하라. 그 두려움이 지나고 나면 나는 내적인 눈으로 그것이
지나간 길을 본다. 거기엔 아무것도 남은 게 없다. 오직 나만 남
아 있을 뿐이다. ―프랭크 허버트

감성 지수,
숲에서 높인다

새로운 시대는 감성의 시대이다. 감성은 새로운 시대를 개척할 21세기 인
간이 갖추어야 할 필수 능력이다. 그래서 감성 지수(EQ)를 높여 주는 학습
지, 음악, 가구 등 수많은 상품 광고가 쏟아지고 있다. 그러면 감성은 무엇
인가? 강윤희 감성계발연구소장은 감성을 '마음을 헤아리고 다스릴 수 있
는 능력'이라고 말한다. 따라서 감성이 높다는 것은 자기 마음을 대상으로
하면 '자기 조정 능력'이 높은 것이고, 다른 사람의 마음을 대상으로 하면
'인간 관계 능력'이 높다는 뜻이다.

그래서인지 최근 민간기업뿐만 아니라 공공기관에서도 감성 경영이 유행처럼 번지고 있다. 감성 경영은 고객 마음을 감동시키고 사로잡자는 경영전략이다. 고객을 내 가족같이 여기고 그들의 고민이나 욕구, 고통을 멀게 느끼지 않고 내 일이라고 생각하는 것이야말로 감성 경영이 아닐까 싶다.

현대인들은 감성이 메말라 있다. 도무지 희로애락을 표현할 줄 모른다. 아니, 희로애락을 느낄 줄 모른다는 표현이 더 정확할지도 모르겠다. 감성을 느낄 만한 마음의 여유가 없기 때문이다. 아침부터 밤늦게까지 직장과 학교를 뺑뺑이 돌듯 다니는 현대인들이 감성을 느끼고 표현할 틈이 어디 있겠는가. 심지어 문학이나 음악, 미술 작품도 마음으로 읽고, 듣고, 느끼는 것이 아니라 논술이나 상식 시험 준비를 위한 지식 정도로 머릿속에 담아 두는 지경인데 말이다.

우리 사회의 중추인 40~50대도 감성이 메마르긴 마찬가지다. 바쁘게 돌아가는 직장과 사회 생활에 몸이 몇 개라도 모자랄 판에 무슨 사치스런 감성이냐고 반문할 것이다. 영화 한 편, 책 한 권, 전시회나 음악회 한 번 갈 틈 없이 지내는 우리나라 가장들에게 감성이 깃들 여유가 어디 있겠는가. 특히 40~50대 중년 남성은 자신의 나약함을 보이는 등 감정을 드러내는 것을 금기시해 왔다. 남자는 절대 눈물을 흘려서는 안 된다고 교육받아 온 세대들이다. 그래서 대개 낯빛이 완전히 굳어 있고 무표정하다.

과거 땅에서 무언가를 생산하거나 공장에서 물건을 만들어 내는 것이 주산업이었을 때 사회에서 요구하는 최상의 능력은 육체적 힘이었다. 하지만 오늘날은 느낌과 교감, 창의력과 상상력이 바탕이 된 감성이 힘이 되는 시대이다. 고객을 감동시켜야만 하고, 유머 한두 마디로 좌중을 웃길 수 있어야 능력을 인정받는 시대이다. 이제는 '개미와 베짱이' 우화에서 개미의 부지런함보다 베짱이의 감성이 더 중시되는 시대가 된 것이다.

그렇다면 우리의 메마른 감성을 되살리는 가장 좋은 방법은 무엇인가. 감성을 되살리는 자극을 자주 받고, 느끼는 연습을 해야 한다. 쉴 새 없이 감성을 자극하는 곳, 그곳이 바로 숲이다. 숲은 감성을 충만하게 하는 보고(寶庫)이다. 숲이 감성을 높여 주는 이유를 자세히 살펴보자.

우선 숲에는 감성을 자극하고 높여 주는 수많은 요소가 있다. 숲을 이루고 있는 자연물 모두가 감성을 자극하는 요소라고 말할 수 있다. 생각해 보라. 숲 속의 나무, 아름다운 꽃, 포근한 땅, 숲의 냄새, 물 흐르는 소리, 새들의 지저귀는 소리, 나뭇가지 사이로 뉘엿뉘엿 지는 석양 등등. 이 모든 것이 우리의 감성을 자극한다. 이는 인간의 태생이기 때문이다. 즉, 어머니나 고향의 느낌이 평안함이듯 숲은 바로 인류의 어머니이다.

숲의 요소들은 우리의 오감을 다시금 민감하게 하여 감성을 되살린다. 일상을 둘러보자. 온갖 소음, 자극적인 색깔과 냄새, 원색적인 광고 등 일상의 모든 자극은 우리의 오감을 둔화시킨다. 사실 질병은 감각이 무뎌진 것과 무관하지 않은데 이런 무뎌진 오감이 숲에서는 다시 회복된다는 것이다. 더도 말고 덜도 말고 숲에서 일주일만 생활해 보라. 도시 생활에서 무뎌진 후각이 다시 살아나 숲이 가지고 있는 온갖 자연의 냄새를 맡을 수 있으리라. 또한 숲 속의 조그만 소리에도 민감해져 수십 미터 거리에 떨어진 동물의 움직임 소리도 금방 감지할 수 있을 것이다.

또한 숲은 자신의 감정을 돌아보고 자신에게 일어난 일의 원래 의미를 음미하게 한다. 복잡한 세상에서 사람들은 자기에게 닥친 일에 즉각 반응한다. 그래서 사소한 일에도 분노하고 목소리를 높인다. 시기와 질투 등 부정적인 감정으로 인한 사건들이 우리 주변에 만연하다. 숲에서는 자신을 돌아볼 수 있는 시간과 공간을 얻는다. 그래서 내게 심각했던 사건들의 의미를 다시 한 번 되새기게 된다. 그동안 서운했던 사람들을 생각해 보고, 그들이 왜 그랬는가를 다시 돌아보며 나의 잘못이나 편견과 마주하기도 한다. 이러한 반성과 되새김은 자신을 겸손하게 만드는 등 본래의 감성을 되살린다.

감성이 회복되면 우리는 그때그때 자신이 무엇을 느끼는지 인식하고 대처할 수 있다. 자기 마음과 감정을 효과적으로 통제해 더 건강하고 행복해진다. 또한 부정적인 감정과 마음을 변화시킬 수 있는 능력을 갖추게 된다. 이러한 자기 통제력은 어려움을 참아 내고 자신이 원하는 것을 위해 노력하는 능력도 주기 때문에, 감성은 자기 계발에도 중요한 기능을 한다. 또 다른 사람의 감성을 읽어 내고 그 감성에 적절히 대처할 수 있는 능력을 얻게 됨으로써 건강한 사회 생활의 기초가 된다. 따라서 숲에서 얻는 감성 회복은 자신의 건강과 행복은 물론 성공의 밑거름이기도 하다.

감성 지수 자가 진단

1. 나는 말로 비난받을 때 화가 나지 않는다.	그렇다 ( )	아니다 ( )
2. 나는 가까운 사람들의 슬픔에도 평안해질 수 있다.	그렇다 ( )	아니다 ( )
3. 나는 몸이 위험한 상황일 때 두렵다.	그렇다 ( )	아니다 ( )
4. 나는 다른 사람들이 화를 내거나 미워해도 괜찮다.	그렇다 ( )	아니다 ( )
5. 나는 정기적으로 눈물을 흘리거나 훌쩍인다.	그렇다 ( )	아니다 ( )
6. 눈물을 흘리고 나면 속이 시원하다.	그렇다 ( )	아니다 ( )
7. 나는 어떤 상황에서 종종 걱정이 된다.	그렇다 ( )	아니다 ( )
8. 나는 가끔 부끄러움을 느낀다.	그렇다 ( )	아니다 ( )
9. 한번 미운 사람은 계속 밉다.	그렇다 ( )	아니다 ( )
10. 나는 과거의 어떤 행동에 죄책감을 느낀다.	그렇다 ( )	아니다 ( )
11. 나는 가끔 수치심을 느낀다.	그렇다 ( )	아니다 ( )
12. 나는 정기적으로 어떤 일에 대하여 두려워진다.	그렇다 ( )	아니다 ( )
13. 어떤 특별한 일에 대해서는 슬픔이 계속된다.	그렇다 ( )	아니다 ( )
14. 질투는 내 생활의 일부인 것 같다.	그렇다 ( )	아니다 ( )
15. 나는 정기적으로 우울해진다.	그렇다 ( )	아니다 ( )
16. 내 인생에서 스트레스는 끝이 없다.	그렇다 ( )	아니다 ( )

✱ 1~6번은 그렇다 1점, 아니다 0점으로 계산하고, 7~16번은 그렇다 0점, 아니다 1점으로 계산한다. 총
점을 합산하여 아래 기준에 따라 진단한다.

13점 이상 : 감성 지수가 높습니다.   7~12점 : 감성 지수가 보통입니다.

6점 이하 : 감성 지수가 낮습니다.

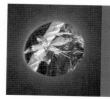

자신의 인생에서 진정한 행복이 무엇인지 자기 자신보다 더 잘
아는 사람은 없다. -리즈 호가드

나를 행복하게 만드는 숲

사람은 누구나 행복하게 살고 싶다. 매일 즐거운 일만 생기고 기분 좋은 말
만 들으며 지내고 싶다. 그러나 우리 삶이 어디 그러한가. 때론 슬프고, 좌
절과 분노에 휩싸이고, 절망의 늪에 빠지기도 한다. 그런데 문제는 그러한
감정에서 헤어나지 못하는 경우다. 누구나 그런 감정에 빠질 때가 있지만
시간이 지나면서 그 감정이 희석되고 유쾌한 감정이 자리를 채우기도 한
다. 그러나 절망과 좌절 같은 부정적인 감정에서 계속 헤어나지 못하면 자
신이 주체할 수 없는 행동까지 저지를 수 있다. 그래서 키르케고르

(Kierkegaard)는 절망을 죽음에 이르는 병이라 하지 않았는가.

얼마 전 내가 근무하는 대학의 2학년 여학생이 학교 건물 4층에서 뛰어내려 스스로 목숨을 끊은 사건이 있었다. 이 소식을 접하면서 이제 갓 스물이 된 젊은이가 무슨 커다란 고민 때문에 그런 선택을 했는지 안타깝기 그지없었다. 비록 개인적으로 그 여학생을 알고 있지는 못했지만, 금이야 옥이야 키우던 딸을 졸지에 잃어버린 부모를 생각하면 같은 대학에 몸담고 있는 교수로서 참으로 죄송스럽기 그지없었다. 누군가 그 학생이 건물에서 몸을 던지려는 걸 발견했다면, 그 전에 몇 분 아니 몇 초라도 이야기를 나눠 생각을 조금만 변화시켜 주었더라도 그런 일은 없었을 텐데 말이다. 그래서 나는 그 건물 앞을 지날 때마다 혹시 하는 생각에 건물 위를 한참 바라보는 버릇이 생겼다.

우리는 '기분'이라는 말에 익숙하다. 기분이란 한 개인이 가지고 있는 감정 상태라고 표현될 수 있지만, 실상 그 의미는 매우 복잡하다. 학자들에 따르면 기분은 사람의 행동을 좌우하고, 생리적인 것을 변화시키며, 궁극적으로는 세상을 보는 생각과 눈, 즉 인식까지 바꾼다고 한다. 맞는 말이다. 사람은 기분에 따라 행동한다. 즉, 기분은 행동의 동기이다. 또한 사람의 생리 현상에도 지대한 영향을 준다. 우울과 불안한 감정은 소화를 담당하는 효소의 분비를 떨어뜨려 음식을 먹어도 쉽게 체하거나 토하게 만든다. 이렇게 마음과 몸은 서로 연결돼 있다.

마지막으로 중요한 것은 기분이 인식도 바꾼다는 것이다. 인식이란 바깥 세상을 바라보는 생각과 시야이다. 따라서 사람은 기분에 따라 똑같은 세

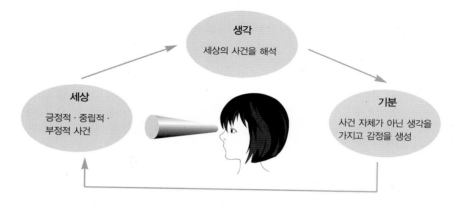

상의 사물과 사건을 핑크빛으로도 보고 푸른빛으로도 보게 된다. 위의 그림은 세상에서 본 사건이 뇌에서 생각하는 과정을 거쳐 감정과 기분으로 나타나는 과정을 그린 것이다. 이 그림은 사람이 감정에 따라 세상을 어떻게 보는가를 설명해 준다.

슬픔에 잠겨 있을 때는 세상에서 일어나는 모든 일들이 부정적이고 회의적으로 보인다. 극단적인 경우 스스로 목숨을 끊기도 한다. 영어에서 형상이라는 뜻의 '이미지(image)'는 그리스어의 '이마고(imago)'에서 비롯되었는데 '이마고'는 바로 '마음'이라는 뜻이다. 마음에 따라 형상이 달라진다는 진리를 이 어원은 말해 주고 있다.

다음의 표는 기분이라는 정서적 현상을 도식화한 것이다. 숲이 주는 기분 변화를 예로 설명해 보자. 한 직장인이 다음달 업무달성 목표치를 자신의 능력에 비해 월등히 높은 수준으로 하달받았다고 하자. 그때 그는 불안, 초조, 걱정, 당황 등과 같은 부정적인 상태일 것이며, 아마도 각성과 불쾌

숲은 오감을 자극하고 기분과 감정을
긍정적으로 변화시킨다.

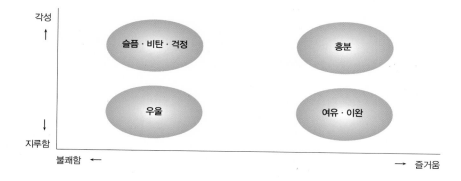

가 만나는 어느 지점에 기분이 존재할 것이다. 이 상태에서 숲으로 가서 아름다운 자연 경관을 보며 귀여운 새들의 노랫소리를 들었다고 가정해 보자. 그는 업무 스트레스를 점차 잊으면서 곧 즐거워질 것이다. 역동적인 새들의 소리는 그의 기분을 각성과 즐거움이 만나는 긍정적 흥분으로 바꾸고, 숲의 아름다움을 감상하면서는 즐거움과 지루함이 적당히 섞인 이완 상태가 될 것이다. 긍정적인 기분은 사람의 사고와 인식 체계도 변화시켜 새롭고 창의적인 해결 방법을 찾아낼 능력도 준다. 숲은 다양한 자극과 느낌으로 우리 감정과 기분을 긍정적으로 변화시킨다. 이렇듯 숲은 긍정적인 기분을 만들어 내는 공장이다. 이 기분이 사람들의 정신적 또는 감성적 변화의 요인이다.

기분이 사람의 인식과 행동에 심대한 영향을 끼친다는 것이 심리학자들의 견해이다. 자신의 기분 상태에 따라 주위의 자극을 받아들이는 것도 달라진다. 긍정적인 기분은 인체의 면역 시스템, 스트레스 해소와 극복, 자존감에 큰 영향을 미친다. 최근 미국에서 발표된 연구 결과에 따르면 숲에서 여유롭게 휴양하는 것처럼 개인 기분이 최고였을 때 면역 체계도 최상이었다고 한다. 반대로 걱정과 불안 등이 동반된 부정적인 기분에서는 뇌하수체와 부신수질의 노르아드레날린 같은 호르몬이 분비되어 혈압, 맥박, 체온이 높아져 면역 체계가 약해진다. 미국 펜실베이니아 주립대학의 그라페(Grafe) 교수는 연구 결과를 바탕으로 긍정적인 사람들이 자존감도 높다고 주장하고 있다.

숲은 사람들의 감정과 정서를 긍정적으로 변화시켜 기분을 좋게 하고, 이 기분이 자신의 심리적 자부심과 가치를 높이는 것으로 이어진다. 또한 세상을 보는 인식과 눈을 긍정적으로 변화시켜 자아를 심리적, 정신적으로 성숙하게 한다.

스트레스를 확 날리자
-사무실에서 숲 속 상상 체험하기

불안하거나 초조할 때, 스트레스가 밀려올 때 모든 것을 밀쳐 버리고 숲에 가고 싶다. 그러나 현실은 그럴 수 없다. 여전히 업무 시간이고, 숲은 사무실에서 너무 멀다. 이때 숲으로 가는 상상을 해보자. 잠시 눈을 감고 자신만의 시간을 갖자. 사무실이 소란스럽고 상상할 수 있는 여건이 되지 않는다면 자신만의 시간과 공간을 가질 수 있는 곳(화장실이라도 좋다)에 가서 다음과 같이 생각해 본다.

'나는 지금 깊은 숲 속에 있는 좁은 숲길을 걷고 있다. 주변에는 소나무, 전나무, 참나무 등 온갖 나무가 들어차 있다. 나무들을 하나씩 자세히 살펴본다. 이제 눈을 감고 나무들 사이로 불어오는 바람소리를 느껴보자. 그리고 말로 형언할 수 없는 숲 속의 향긋한 냄새들을 맡자. 솔향, 흙 냄새, 낙엽 냄새 등등.

눈을 뜨고 나무 끝을 보면 푸른 하늘이 보인다. 햇살이 나뭇가지 사이로 쏟아진다. 자, 이제 숲에서 들려오는 소리를 듣자. 계곡에서 흐르는 물소리, 간간이 들려오는 딱따구리의 나무 찍는 소리, 어렴풋이 들려오는 동물의 울부짖는 소리….

숲길을 따라 조금 더 올라가자 아늑한 장소가 나타난다. 햇볕이 감미롭게 내리쬐는 둥근 바위에 걸터앉자. 깊게 심호흡하고 숲의 경치를 감상한다. 마음이 점점 평온해지고 몸은 이완된다. 이제 숲의 바닥에 누워 하늘을 보자. 구름 몇 조각이 하늘에 떠 있다. 숲의 냄새, 소리, 아름다움이 모두 내 몸으로 빨려 들어온다.'

마음에 드는 사람과 친구가 되고 싶으면 먼저 그의 장점과 그가 인정받고 싶어하는 점을 찾아라. 그리고 그것을 칭찬하라.
-체스터필드

사회성 지능 지수를 높여 주는 숲

인간은 다른 사람들과 더불어 살아가는 존재다. 무인도에서 혼자 살아가는 로빈슨 크루소는 소설에서나 가능한 얘기다. 인간이 지구에 출현한 이래 다른 사람들과 어울리며 살아가는 능력은 언제나 매우 중요시됐다.

다른 사람들과 얼마나 잘 어울릴 수 있는지를 나타내는 능력을 우리는 사회성이라고 한다. 학술적으로 표현하자면 사회성이란, 집단을 만들어 생활하려는 인간의 근본 성질로 인간 관계를 만들어 가는 성격이나 태도를 일컫는다. 지능 지수(IQ)나 감성 지수(EQ)처럼, 다른 사람을 관리하는 능력이나 친구를 사귀는 기술 등을 측정하여 사회성 지능 지수(SQ)로 나타내는 데, 이 사회성 능력은 현대 사회에서 성공의 잣대로 평가되고 있다. 최근 한 취업 사이트가 대학생 432명을 대상으로 '성공을 위해 가장 중요한 지수를 고르라'는 조사를 실시한 결과 사회성 지능 지수를 꼽은 사람이 31퍼센트나 되었다고 한다. 사회 생활을 아직 경험하지 못한 대학생들조차 성공의 조건 으로 다른 어떤 지수보다 사회성 지능 지수를 앞세우고 있음을 볼 수 있다.

심리학자들 주장도 대학생들의 의식과 일치한다. 성공한 사람들은 공통 적으로 사회성 지능 지수가 높다는 것이다. 사회성 지능 지수가 높은 사람 은 일반적으로 자신의 가치나 존재를 긍정적으로 여기는 자기 존중감이 높 고, 책임감이 강하며, 다른 사람들에게 관대하다. 게다가 자기가 속한 조직 의 협동적 성과에 대한 만족감도 높다고 한다. 이런 이유로 사회성 지능 지 수가 성공과 무관하지 않은 것이다.

그러면 성공의 기본적인 덕목인 사회성을 어떻게 높일 수 있을까? 과거 에는 인위적으로 사회성을 가르치기보다는 가족이라는 테두리 안에서 부 모, 형제자매 등과 관계를 맺으면서 자연스럽게 형성될 수 있다고 생각했 다. 대가족 사회에서는 이러한 사회성의 자연적 습득이 가능했다. 그러나 요즘같이 핵가족 형태의 가정환경에서 자란 세대들은 사회성 자연 습득이 불가능하다. 가정에서 혼자 '금이야, 옥이야'로 길러진 아이들은 사회성의 기초인 남을 배려하거나 이해하려는 마음이 부족할 뿐 아니라 다른 사람들 과 함께 생활하는 것 자체를 불편하게 느끼기도 한다.

최근 이런 아이들과 청소년들을 위한 체험 프로그램이 미국과 캐나다 등

숲은 가식이라는 가면을 벗고
나와 상대의 진실된 모습을 보게 한다

에서 실시되고 있다. 이 프로그램은 가정이나 학교와 같은 일상의 사회환경에서 벗어나 숲이라는 새로운 환경과 상황에서 참가자들이 서로를 돕고 이해하면서 사회성을 배우는 것이다.

숲이 어떻게 사회성을 향상시키는지 그 메커니즘을 생각해 보자. 먼저 숲이라는 공간적인 환경과 분위기 때문이다. 숲은 일상생활이 이루어지는 집이나 학교, 직장과는 전혀 다르다. 일상생활 환경은 사람들을 경직시키고 경쟁시키며, 쉽게 속내를 터놓고 대화하지 못하게 한다. 그러나 숲에서는 서로 쉽게 동화되고 이해하며, 솔직하게 마음을 주고받는다. 서로 모르더라도 친절히 대하고 인사하며 도와주려고 한다. 이와 같은 숲의 분위기가 사회성을 향상시키는 촉매제가 된다.

가족 간의 대화나 교류도 마찬가지이다. 사실 한 지붕 아래 같이 살고 있지만 가족 구성원이 진솔한 대화를 나눌 수 있는 시간은 별로 많지 않다. 저녁에 모여서 TV를 보며 몇 마디 나누는 것이 대화시간의 대부분일 것이다. 그러나 숲에서는 집에서 하지 못했던 여러 가지 이야기를 깊이 나눌 수 있어 가족의 유대감을 더욱 긴밀하게 한다.

숲에서 실시하는 사회성 향상 프로그램은 소규모 참여자를 대상으로 하며, 서로 협력해 문제를 해결하는 방식으로 진행된다. 협력은 서로를 의지하고 믿을 때에만 가능하므로 사회성을 향상시키는 아주 효과적인 도구이다. 또한 이런 프로그램은 효과적인 대화 기술과 활발한 감정 교류법을 터득시킨다. 따라서 상대의 감정을 이해하고 의사를 존중하며, 상대를 배려하게 되는 것이다. 상대방에 대한 이해는 사회성을 향상시키는 가장 기본적인 자세다. 숲이라는 환경은 가면과 가식을 벗고 솔직히 대화하게 만들어 나와 상대의 진실된 모습을 보게 한다.

숲이 살아가는 모습을 보라. 숲을 구성하는 요소 하나하나는 서로 묵묵히 각자의 일을 하고, 또 서로 의지하며 균형과 조화를 이룬다. 고집과 독선이란 숲에서는 있을 수 없다. 만일 나뭇잎이 가을이 되었는데도 그대로 푸른색을 유지하려 하고, 겨울이 시작되어도 낙엽이 되어 떨어지지 않으려고 한다면 나무는 죽을 수밖에 없다. 그래서 때가 되면 나뭇잎은 스스로 엽록소를 버려 광합성 작용을 마치고 낙엽이 되어 땅으로 돌아간다. 땅에 떨어진 나무토막도 자신을 썩혀 버섯과 벌레의 먹이로 내준 뒤 흔적 없이 분해된다. 이런 숲의 모습은 우리를 숙연하게 한다.

사회성 지능 지수 자가 진단

번호	질문	전혀 그렇지않다	별로 그렇지 않다	보통 이다	조금 그렇다	매우 그렇다
1	몸이나 마음이 떨린다.	☐	☐	☐	☐	☐
2	두렵다.	☐	☐	☐	☐	☐
3	심장(가슴)이 마구 뛴다.	☐	☐	☐	☐	☐
4	공포에 휩싸이는 때가 있다.	☐	☐	☐	☐	☐
5	긴장된다.	☐	☐	☐	☐	☐
6	안절부절해서 가만히 앉아 있을 수가 없다.	☐	☐	☐	☐	☐
7	친구가 화가 나 있거나 슬퍼할 때, 그 친구 마음에 공감하고 이해한다.	☐	☐	☐	☐	☐
8	친구와 문제가 생겼을 때, 그 일에 대해 이야기를 나눈다.	☐	☐	☐	☐	☐
9	친구가 자기 문제를 이야기할 때 잘 듣는다.	☐	☐	☐	☐	☐
10	다른 사람이 잘했을 경우, 칭찬을 해준다.	☐	☐	☐	☐	☐

번호	질문	전혀 그렇지않다	별로 그렇지 않다	보통 이다	조금 그렇다	매우 그렇다
11	다른 사람에게 안 좋은 일이 생겼을 경우, 안쓰러운 마음을 갖는다.	☐	☐	☐	☐	☐
12	나에게 문제가 생겼을 때, 친구에게 말하고 도움을 구한다.	☐	☐	☐	☐	☐
13	내가 먼저 말을 꺼내서 대화를 시작한다.	☐	☐	☐	☐	☐
14	사람 만나는 것을 피한다.	☐	☐	☐	☐	☐
15	남들과 관계를 맺지 않으려 한다.	☐	☐	☐	☐	☐
16	옷을 갈아입지 않는다.	☐	☐	☐	☐	☐
17	목욕을 하지 않는다.	☐	☐	☐	☐	☐
18	방에서 잘 나오지 않는다.	☐	☐	☐	☐	☐
19	가족들이 내 방에 들어오지 못하게 한다.	☐	☐	☐	☐	☐
20	창피당한 것을 잘 잊지 못하며 쉽게 상처를 받는다.	☐	☐	☐	☐	☐
21	누군가에게 비난 받으면 몹시 속이 상한다.	☐	☐	☐	☐	☐
22	내색하지 않지만 마음이 상할 때가 있다.	☐	☐	☐	☐	☐
23	조그마한 실수에도 당황하는 때가 많다.	☐	☐	☐	☐	☐
24	다른 사람이 나를 비난하는 것 같다.	☐	☐	☐	☐	☐
25	숨기는 것이 많고 남에게 속을 털어놓지 않는다.	☐	☐	☐	☐	☐
26	내가 불행하다고 슬퍼하고 우울해 한다.	☐	☐	☐	☐	☐
27	다른 사람에게 욕설을 퍼붓는다.	☐	☐	☐	☐	☐
28	다른 사람에 대해서 나쁘게 말한다.	☐	☐	☐	☐	☐
29	고함을 지르는 경향이 있다.	☐	☐	☐	☐	☐
30	갑자기 다른 사람을 대하는 태도가 바뀐다.	☐	☐	☐	☐	☐
31	다른 사람의 사소한 말과 행동에도 짜증이 난다.	☐	☐	☐	☐	☐
32	과격하게 자기 주장을 한다.	☐	☐	☐	☐	☐

* 전혀 그렇지 않다 5점, 별로 그렇지 않다 4점, 보통이다 3점, 조금 그렇다 2점, 매우 그렇다 0점으로
계산한다. 단, 7~13번 질문의 답변은 반대로 전혀 그렇지 않다 0점~매우 그렇다 5점으로 계산한다.
각 항목의 점수를 합산한 총점이 사회성 지능 지수이다.

 수행의 침묵 속에서 그 길은 열리고, 떠도는 잡담과 함께 그 길은 닫힌다. —루미

숲에서 침묵의 소리를 들어라

침묵의 소리를 들어 본 적이 있는가? 고요를 온몸으로 느낀 적이 있는가? 우리가 살고 있는 사회에서는 침묵과 고요를 경험할 기회가 거의 없다. 온갖 소리에 우리의 귀는 혹사당하고 있다. 심지어 귀로 무엇인가를 듣고 있지 않으면 불안해 한다. 그래서 학생들은 집중해야 하는 활동, 즉 책을 읽거나 공부할 때도 음악을 듣는다.

자연의 침묵과 고요는 경외감을 불러일으키고, 심지어는 두렵게까지 만든다. 한여름 폭풍이 몰아치기 전 쥐 죽은 듯한 고요. 가끔 천둥과 번개가 그 고요를 가르고, 그 사이로 스며든 빗줄기가 세상을 밝힌다. 깊은 숲 속에서 혼자만 듣는 적막과 고요의 소리. 그 순간이야말로 나와 자연이 일치하는 경험이다. 눈 덮인 겨울 숲에서 새와 동물들의 소리조차도 삼켜 버린 침묵의 소리를 듣게 된다. 여름날 새벽 호수에서 느끼는 고요도 색다르다. 어둠이 막 내려앉는 해질 무렵 숲의 윤곽이 파스텔 그림처럼 보이면서 다가오는 적막도 우리의 내면을 변화시키기에 충분하다.

현대 생활에서 좀처럼 경험하기 어려운 침묵에 귀를 기울이는 것은 우리의 감정과 정신, 영성의 성장에 꼭 필요하다. 심지어 침묵의 경험은 우리 몸의 생리적 변화에까지 영향을 준다. 우리 몸과 마음을 우주적인 생명의 힘에 조화시키기 위해서는 혼자만의 시간을 갖고, 자연이 주는 고요함의 소리를 들어야 한다. 침묵의 소리는 내면을 성찰하게 하고, 생각을 깊게 하며, 인생에 대한 명확한 비전도 갖게 한다.

그런데 오늘날 우리는 침묵의 소리를 들을 공간이 없다. 우리가 사는 세상 어디를 가든지 듣지 않아도 될 소리까지 귀에 들린다. 자동차 경적, 휴대전화, 텔레비전, 거리의 음악 소리 등등. 최근 〈리더스 다이제스트〉 캐나다판이 보고한 도시의 소음 수준을 살펴보면 경악할 정도이다. 토론토, 몬트리올, 밴쿠버 등의 백화점이나 거리에서 일상적으로 듣는 소리를 조사한 결과, 전문가가 안전하다고 한 80데시벨 이하보다 훨씬 높은 100데시벨을 상회하고 있었다.

그러면 어디서 침묵의 소리를 들을 수 있는가? 숲으로 가야 한다. 숲에서 듣는 침묵은 우리를 창조적으로 만든다. 요즘 '혁신'이란 단어가 자주

숲의 고요함은 우리에게 **침묵의 소리**를 듣게 한다.

등장한다. 이곳저곳에서 혁신적인 아이디어를 찾는다. 혁신이란 완전히 바꾸어서 새롭게 하는 것이다. 그러면 밤새 앉아서 머리를 쥐어짠다고 혁신적인 아이디어가 나올까? 어떤 정신의학자는 새로운 아이디어의 창고를 3B로 설명한다. 3B란 Bath, Bed, Bus이다. 이 3B의 공통점은 모든 것을 잊고 마음을 편하게 해주는 곳이다. 과거의 것들과 단절한 평안한 상태, 그런 상태에서만 새롭고 혁신적인 아이디어가 나올 수 있다. 마치 아르키메데스가 욕실에서 아르키메데스의 원리를 발견하곤 "유레카!"를 외쳤듯이 말이다. 숲의 침묵은 우리에게 새로운 창조의 힘을 준다.

침묵의 또 다른 이름은 '집중'이다. 침묵은 우리 몸을 집중시켜 머리부터 발끝까지 예민하게 만든다. 우리는 평소에 느끼지 못한 몸속의 피 흐르는 소리, 맥박, 숨소리까지 듣게 된다.

숲의 침묵은 우리에게 진정한 휴식을 준다. 침묵할 때 우리 몸의 리듬은 부드럽고 잔잔해진다. 심장 박동수는 떨어지고, 호흡은 깊고 길어진다. 몸과 마음이 진정으로 하나가 된다. 이런 상태가 진정한 이완이며, 휴식이다. 그저 자신의 모든 것을 있는 그대로 받아들이는 진정한 쉼을 숲에서 느껴보자. 그동안 인위적인 소음에 시달렸던 몸과 마음이 균형을 찾고, 피로와 수고로 지친 몸과 마음이 재충전될 것이다. 지금은 종교적인 용어로 많이 사용되지만 '피정(避靜)'이란 말은 시끄러운 세상을 떠나 조용한 곳에 머무르며 영혼을 다시 새롭게 하는 것을 의미한다. 예수님도 때론 군중을 물리치고 산으로 기도하러 가지 않으셨던가.

현대인은 침묵을 두려워한다. 그리고 회피한다. 그래서 보지도, 듣지도 않으면서 텔레비전과 라디오를 무의식 중에 켜 놓는다. 이런 이유로 대부분의 사람은 진실로 듣는다는 것이 무엇인지 잘 모른다. 침묵해야 진실로 들을 수 있는 지혜를 깨달을 수 있다. 자신의 심장이 말하는 소리를 들을 수 있고, 자연의 리듬을 들을 수 있으며, 스치는 바람이 전해 주는 소리를 들을 수 있다. 그래서 침묵은 진실로 대화하는 법을 알려 주기도 한다.

숲으로 가서 침묵의 휴식을 자주 누리자. 요즘같이 바쁘고 자신의 정체성을 찾기 어려운 때에 진정한 웰빙은 바로 그것이다. 그러면 흔들리는 삶의 중심을 잡을 수 있는 지혜를 얻을 것이다.

10분간의 숲 속 침묵에서 당신이 얻을 수 있는 것들

1. 젊음과 새로운 힘
2. 행복 증진과 집중력
3. 스트레스 해소와 면역 체계 강화
4. 충만한 힘과, 당신 앞에 던져진 어떤 도전도 극복할 수 있는 지혜

어머니인 대자연과 늘 교류하라. 햇살이 내리쬐는 야외에서 시간을 보내라. 그리하면 어떤 상황에 있든지 건강하고 행복하다.
─시에겔

공공의 적 '스트레스'를 날리자

최근 발표된 미국 스트레스연구소 자료에 따르면 성인의 43퍼센트가 스트레스 때문에 건강이 나빠지고 있으며, 병원을 찾는 사람들의 75~90퍼센트는 스트레스와 관련된 병 때문이라고 한다. 우리나라 역시 예외가 아니다. 최근 한 취업 포털 사이트가 직장인 2,381명을 대상으로 '직장 스트레스'에 대해 설문 조사한 결과, 응답자의 70.3퍼센트가 '직장에서 받는 스트레스 때문에 질병을 앓아 본 경험이 있다'고 답했다. 이 조사에서 밝혀진 더 중요한 사실은 스트레스 해소를 위한 방법으로 '폭음과 폭식으로 스트레스를 푼다'라고 대답한 직장인이 25.4퍼센트로 가장 많았다는 사실이다. 또한 최근 〈AP통신〉이 미국, 영국 등 10개국의 성인 1,000명씩을 대상으로 조사한 결과 한국인이 스트레스를 가장 많이 받는 것으로 나타났다. 한국인이 받는 스트레스의 원인은 일 33퍼센트, 돈 28퍼센트, 가정 문제 17퍼센트, 건강 13퍼센트 순으로 조사되었다. 이와 같은 조사 결과는 스트레스가 우리의 건강과 생활에 얼마나 큰 영향을 주는지 잘 설명하고 있다. 우리의 하루하루 생활은 스트레스의 연속이라고 볼 수 있다. 학교, 직장은 물론 심지어 가장 마음 편히 쉬어야 할 집에서조차 스트레스를 받는다.

스트레스는 그 자체로 끝나는 것이 아니라 육체적 · 정신적 질병의 원인이 되기 때문에 더 무섭다. 잘 알려진 사실이지만 스트레스는 심장 질환, 암, 폐 질환 등 현대인의 주요 사망 원인으로 꼽히는 질병을 일으키는 주범이다. 스트레스로 인한 질병은 개인에게도 불행한 일이지만 사회적으로도 막대한 경제적 손실을 초래한다. 미국의 한 통계에 따르면 스트레스로 인한 결근, 생산력 저하, 의료비 증가 등으로 기업 측은 연간 약 500~750억 달러의 피해를 입는 것으로 나타났는데, 이는 근로자 한 명당 750달러에 해당된다.

살아가면서 스트레스를 받지 않을 수는 없다. 일상의 모든 일이 모두 스트레스 요인이 될 수 있기 때문이다. 적당한 스트레스는 우리를 활기차고 민첩하게 하며, 적당히 긴장을 유지시켜 신체적으로나 정신적으로 오히려 도움이 되기도 한다. 문제는 우리 몸과 마음에 부정적인 영향을 끼치는 스트레스이다. 물론 이러한 스트레스가 따로 있는 것은 아니다. 한 종류의

숲이 있는 지역과 없는 지역 직장인이 받는 스트레스 차이

	구분	인원	평균값
직무 만족도	숲이 있는 집단	481	62.6
	숲이 없는 집단	450	59.3
스트레스	숲이 있는 집단	481	53.1
	숲이 없는 집단	450	57.5
이직 의사	숲이 있는 집단	481	54.8
	숲이 없는 집단	450	59.0

스트레스가 어떤 사람에게는 활력이 되는 반면, 또 다른 사람에겐 부정적인 영향을 줄 수도 있다. 따라서 스트레스는 지극히 개인적이고, 상황에 따라 달라지며, 그것을 어떻게 극복하느냐에 따라 결과가 달라질 수 있다.

현대인이 겪는 스트레스는 인간의 근원적인 것과 현재 도시 생활의 부조화로 일어나는 갈등이라고 볼 수 있다. 이러한 스트레스를 미국의 임상심리학자인 브로드는 '테크노스트레스(techno-stress)'라고 표현하였다. 인간은 오랜 시간 숲에서 생활해 와서 자연생활에 알맞은 생리적, 심리적 코드를 지니고 있기 때문에, 그 반대 환경인 도시 생활은 우리에게 육체적, 심리적인 부담을 준다는 것이다. 그래서 현대인들은 도시 생활에서 받은 스트레스를 해소하기 위해 숲을 찾는다. 숲은 우리의 고향이며 안식처이기 때문이다.

숲이 직장인들의 직무 스트레스에 어떤 영향을 주는지 알아보기 위해 서울 지역 직장인 931명을 대상으로 조사한 결과를 보면 매우 흥미롭다.

숲이 가까이 있는 사무실에서 일하는 직장인들의 직무 만족도는 62.6점인 반면, 숲이 없는 지역의 직장인들은 59.3점에 그쳤다. 또 직무 관련 스트레스는 숲이 있는 지역에서 일하는 직장인은 53.1점으로 숲이 없는 곳 직장인들의 57.5점보다 4.2점이나 낮았다. 당연히 숲이 있는 지역에서 근무하는 직장인들의 이직 의사는 숲이 없는 지역에 비해 훨씬 낮았다. 한편 숲 주변에서 근무하는 직장인들의 하루 숲 이용 시간은 평균 15분이었는데, 이렇게 시간이 짧은데도 80.3퍼센트가 사무실 주변의 숲이 직장 생활에 긍정적인 영향을 준다고 답하였다.

그렇다면 숲은 왜 스트레스 해소에 큰 역할을 하는 것일까? 앞서 설명한 대로 인간은 태생적으로 숲과 조화로울 때 육체적, 정신적 안정을 누렸기 때문이다. 다시 말하면 숲이 주는 자극은 도시에서 우리가 일상으로 받는 자극과 달리 우리의 인체 생리에 적합하다. 이와 같은 사실은 여러 가지 실험으로 증명된다. 필자가 대학생 집단을 대상으로 도시환경과 숲에서 인체 생리 변화를 조사한 결과, 숲에서는 도시에 비해 안정적이고 알파파도 훨씬 많이 발생했으며 혈압과 맥박도 낮아졌다. 다음 그래프에서 볼 수 있듯이 스트레스를 받을 때 코르티솔 양도 숲에서 훨씬 낮았다.

숲이 주는 긍정적 자극과 관련하여, 미국의 환경심리학자 캐플란은 '집중-회복 이론'을 주장하였다. '집중-회복 이론'이란, 정신을 집중해서 수행하는 일은 우리 몸과 마음에 피로를 누적시키고 그 누적된 피로를 해소시켜야만 건강을 유지시킬 수 있는데, 숲을 비롯한 자연이 피로를 회복시키는 환경이라고 주장하는 이론이다. 우리가 의식적으로 활동하는 것들은

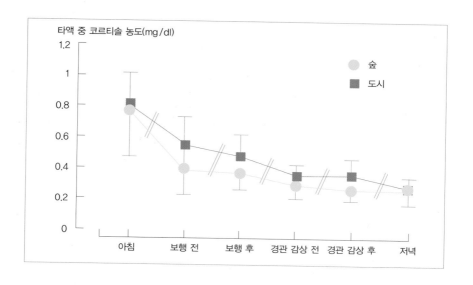

타액 중 코르티솔 농도(mg/dl)

숲
도시

아침　보행 전　보행 후　경관 감상 전　경관 감상 후　저녁

대부분 집중이 필요하다. 예를 들어 하루의 대부분을 보내는 직장에서는 정신을 똑바로 차리고 집중해서 일하지 않으면 심각한 실수를 저지르게 된다. 그렇게 되면 자신이나 직장에 심각한 피해가 돌아올 수 있다.

　스트레스는 즉시 해소해야 한다. 이를 위해서는 긴장을 이완시키는 활동을 해야 하는데 숲이 바로 그런 역할을 한다. 숲은 또한 스트레스 원천에서 벗어나 자신만의 시간과 공간을 주기 때문에 사람들에게 원기를 회복시켜 준다. 필자의 조사에 따르면 숲을 찾는 사람들의 주요한 동기는 도시 생활에서 쌓인 일상의 긴장과 피로를 풀기 위해서인 것으로 조사되었다. 현대인들이 일상생활에서 겪는 여러 가지 일들, 회의, 보고서 작성, 시험, 평가, 여기저기서 울리는 전화벨 소리, 마감을 독촉하는 상사의 꾸지람 등등…. 숲은 이 모든 것을 잠시나마 잊게 하고 우리 몸과 마음에 쌓였던 긴장을 풀어 준다. 아무리 뛰어난 화가도 흉내 낼 수 없는 숲의 자연 색들, 우리 마음을 안정시키는 새소리, 물소리, 바람소리, 향긋하면서 달콤하고 상쾌한 숲 냄새. 이 모든 숲의 요소가 현대인의 지친 몸과 마음을 치유하고 회복시키는 원천이다.

직무 스트레스 자가 진단

번호	질 문	거의 그렇지 않다	약간 그렇다	자주 그렇다	거의 항상 그렇다
1	직장에 출근하는 것이 부담스럽거나 두렵다.	☐	☐	☐	☐
2	일에 흥미가 없고, 일이 지겹다.	☐	☐	☐	☐
3	최근 업무와 관련해서 문제가 발생한 적이 있다.	☐	☐	☐	☐
4	내 업무 능력이 남들보다 떨어진다는 느낌이 든다.	☐	☐	☐	☐
5	직장에서 업무에 집중하기 힘들다.	☐	☐	☐	☐
6	항상 시간에 쫓기면서 일한다.	☐	☐	☐	☐
7	내 업무 책임이 너무 많은 것 같다.	☐	☐	☐	☐
8	직장 일을 집에까지 가져가서 할 때가 많다.	☐	☐	☐	☐
9	업무가 내 흥미에 잘 맞지 않는다고 느낀다.	☐	☐	☐	☐
10	내 일이 전망이 밝다고 생각하지 않는다.	☐	☐	☐	☐
11	요즘 나는 우울하다.	☐	☐	☐	☐
12	짜증이 자주 나서 가족과도 자주 다툰다.	☐	☐	☐	☐
13	사람들과 안 어울리고 혼자 지내는 시간이 많다.	☐	☐	☐	☐
14	요즘 대인관계가 원만하지 못할 때가 있다.	☐	☐	☐	☐
15	최근 지나치게 체중이 늘거나 빠졌다.	☐	☐	☐	☐
16	쉽게 피곤하다.	☐	☐	☐	☐
17	무기력감을 느끼거나 멍할 때가 있다.	☐	☐	☐	☐
18	술, 담배를 예전보다 많이 한다.	☐	☐	☐	☐

* 거의 그렇지 않다 1점, 약간 그렇다 2점, 자주 그렇다 3점, 거의 항상 그렇다 4점으로 합산해서 아래
  기준에 따라 진단한다.

  20점 이하 : 직무 스트레스 거의 없음.

  20~40점 : 직무 스트레스 약간 있음. 관리 필요.

  41~50점 : 직무 스트레스 위기 상황. 대처 능력 필요.

  51~60점 : 직무 스트레스 경보 상황. 전문가 상담 필요.

  60점 이상 : 매우 위험한 상황. 전문가 상담 시급.

자아의 발전과 성장, 숲이 최적이다

자아, 자존감, 자아실현. 인본주의 심리학에서 대표적으로 거론되는 자아 관련 개념들이다. 자아에 관해 말하기 전에 먼저 심리학의 기본에 관해 이야기해 보자. 사람의 마음을 어떻게 이해할까? 심리학자들이 꾸준히 제기한 문제다. 심리학자들은 각기 다른 방법으로 인간의 마음을 분석했고, 그에 따라 인간을 보는 관점도 달랐다. 그 관점에 따라 심리학은 일반적으로 정신분석학파, 행동주의학파, 인본주의학파 등 세 가지로 분류된다.

프로이트 영향을 받은 정신분석학파는 무의식이 '인간'을 결정한다고 보았다. 그리고 행동주의학파는 인간을 이해하려면 그 사람의 행동을 이해해야 한다고 믿었는데 이것을 증명하기 위해 이들은 동물 실험을 주로 했다. 이들 두 학파가 보여주는 인간에 대한 동물적이고 기계적인 관점에 반대하여 생긴 학파가 인본주의 심리학이다.

인본주의 심리학에서 보는 '인간'은 앞의 두 학파가 본 인간과 근본적으로 다르다. 인본주의 학파에서는 인간을 나름의 아주 독특한 존재로 보고 있다. 인간은 잠재성이 무한하고, 이 잠재성을 실현하려고 노력하는 존재라는 것이다. 인본주의 심리학의 핵심은 인간의 성장이다. 그래서 인본주의 심리학자들은 무한한 잠재성을 실현하려고 노력하는 자아를 중요시한다.

인본주의 심리학을 대표하는 매슬로(Maslow)는 그의 동기 이론에서 기본욕구설을 주장했다. 인간의 욕구는 수없이 많지만 크게 나누면 생리적 욕구, 안전 욕구, 사랑과 소속감에 대한 욕구, 자존감 욕구, 자아실현의 욕구 등 다섯 가지로 분류된다는 것이다. 이런 욕구는 단계별로 피라미드 형태를 이루고 있어 아래 단계의 욕구가 충족되어야만 그 다음 상위 욕구가 생긴다. 아랫부분에 있는 것일수록 더 강렬해 즉각 충족되지 못하면 생명이 위태로워진다고 매슬로는 설명한다. 위로 갈수록 더욱 성숙한 인간다운 욕구인데, 예를 들어 자존감 욕구나 자아실현 욕구는 인간다운 인간으로서 추구해야 할 목표인 것이다.

숲, 그것도 사람의 흔적이 없는 순수한 곳일수록 자존감 욕구와 자아실현 욕구를 충족시켜 준다고, 여가·환경 심리학자들은 주장한다. 이런 주

숲 속으로 가는 길은
잃어버린 자아를 찾아가는 길이다.

장은 무엇보다 매슬로가 말한 인간의 상위 욕구와 숲이 관련돼 있기 때문으로 풀이된다. 여가 또는 건강을 위해 숲을 찾는 것은 자기 스스로 선택한 활동인데, 이 활동은 생리적인 욕구나 안전에 관련된 것이 아니기 때문이다. 필자가 숲의 이용 동기를 조사한 결과, 숲을 이용하는 사람들은 인간의 상위 욕구와 관련돼 있다는 것을 알 수 있었다. 사람마다 표현은 다르지만 요약해 보면 '자연의 아름다움', '깨끗하고 신선한 공기', '휴식', '육체적 또는 심리적 건강', '자연 지식 습득', '일상의 탈피' 등의 이유로 숲을 찾는다. 이것들은 모두 자기의 가치와 정체성, 자아실현에 관련된 것이다.

숲을 찾음으로써 성장된 자아의 구체적인 예들을 살펴보자. 먼저 가장 빈번하게 연구 주제로 대두되는 자아 개념을 보자. 자아란 한마디로 자신에 대한 주관적인 평가다. 마치 거울로 자기 모습을 비추는 것과 마찬가지로 자아 개념은 심리적인 거울인 셈이다. 따라서 자아 개념이 높은 사람들은 자신의 가치를 높게 판단해 자신감이 있으며, 당연히 스스로를 자랑스럽게 여긴다는 것이 성격심리학자들 주장이다. 필자가 숲의 이용에서 오는 심리적인 편익에 관한 연구를 조사해 본 결과 160개 연구 중 50개의 연구가 자아 개념 또는 이와 관련된 주제를 연구 대상으로 삼고 있었다. 또한 이들의 연구 결과는 하나도 빠짐없이 숲의 이용 후 자아가 강해졌다고 보고하고 있다.

자기 존중감 역시 자아 개념과 상당히 일치한다. 자존감은 외부에서 오는 것과 내부에서 오는 것으로 나눌 수 있는데, 외부에서 오는 자존감이란 나에 대한 다른 사람들의 존경과 존중, 인정 등이다. 그래서 사람들은 명예와 사회적 지위를 중요시한다. 내부에서 기인하는 것은 자신이 이룬 성취감에서 비롯되는데, 자신이 설정한 목표를 달성했을 때의 뿌듯함, 자만과 자신감 등이 이런 것이다. 숲은 특히 내부의 자존감과 관련이 깊다.

마지막으로 자아실현에 대해 알아보자. 자아실현은 매슬로가 말한 가장 상위의 욕구인데 자신의 잠재성을 모두 실현하려는 욕구, 100퍼센트 완벽한 인간이 되려는 욕구이다. 인본 교육의 목표가 홍익인간이라고 한다면, 인간의 심리적 목표는 바로 이 자아실현이다. 매슬로는 자아실현한 사람들의 중요한 특성을 '정상경험(peak-experience)'으로 보았는데 이는 의식과 무의식이 몰입하여 사물과 공간을 뛰어넘은 무아경 상태를 말한다. 즉, 극한 아름다움, 황홀경, 심취 등에서 얻을 수 있는 경험이다. 이때는 비록 짧은 시간이지만 시간이 어떻게 흐르는지, 내가 어디에 있는지조차 인식하지 못한다. 자아실현한 사람들은 자주 이 경험을 하며, 또 이런 경험이 사람들을 자아실현으로 인도한다는 것이 매슬로의 주장이다. 숲은 사람들이 정상경험을 자주 하게 함으로써 결국 인간으로서 성숙한 자아실현을 하게 한다고 관련 연구들은 밝히고 있다.

숲으로 인한 자아 성장은 사람을 심리적으로 더 높은 차원으로 승화시킨다. 자아 성장은 얕은 욕구에 매달리기보다는 더 높은 차원을 인식하게 해 공동체, 사회와 국가, 그리고 세계 문제에까지 범위를 확장해 관심을 돌리게 한다. 파괴되는 아마존 열대림을 보며 마음 아파하고, 아프리카 기아 문제에 눈물을 흘릴 줄 안다. 우리가 일반적으로 말하는 '성인'이 바로 이런 사람들이다. 숲은 사람들을 자아를 성숙시켜 성인으로 변화시킨다.

숲에서 느끼는 창조적 고독

"인간은 사회적 동물이다." 고대 그리스 철학자 아리스토텔레스가 한 말이다. 아리스토텔레스는 인간다운 인간은 도시국가, 즉 폴리스의 일원으로 생활하는 인간이라고 주장하면서 사람은 태어나면서부터 사회적 존재라고 규정하였다. 이 주장에 걸맞게 우리는 인간으로 태어나면서부터 가족, 학교, 직장, 지역공동체 등 사회에서 관계를 맺고 살아가는 데 익숙해 있다. 그래서 우리는 성찰로써 자신을 찾기보다는 사회관계 속에서 자신을 찾는 일에 오히려 더 익숙하다. 현대인들은 혼자 있는 것을 잘 견디지 못한다.

숲에서 맛보는 **창조적 고독**.

한 심리학자의 연구에 따르면, 사람은 하루에 다른 사람과 40번 이상 만나야 심리적으로 안정된다고 한다. 혼자 있는 상태일지라도 전화나 인터넷 등으로 끊임없이 사회적 연결의 끈을 놓지 않으려고 한다. 심리학자인 매슬로도 '사랑과 소속감에 대한 욕구'를 인간의 기본 욕구로 규정한 바 있다.

그러나 사람은 혼자 있을 때 보다 생산적이고 창조적일 수 있다. 역사적으로 고독은 창조와 영성과 관계가 깊었다. 화가, 작곡가, 작가, 시인 등 각 분야에서 지금까지도 칭송받는 위대한 작품을 남긴 뛰어난 예술가들은 누구보다 고독한 삶을 살았던 사람들이 많다. 사람들과 섞여 있을 때는, 외롭지는 않지만 창조적일 수는 없다. 고독할 때 사람은 보다 더 내면의 소리에 귀 기울이며 창조적으로 변할 수 있다. 왜냐하면 창조적 행위는 누구의 도움도 받을 수 없기 때문이다. 일상은 결코 우리를 혼자 있게 하지 않지만, 숲에서 우리는 얼마든지 혼자 고독할 수 있다. 숲에서 느끼는 고독은 단순한 외로움과 다르다. 마음을 충만하게 하고, 뛰어난 창조적 영감을 주는 고독이다. 그래서 자신을 돌아보고 미래를 창조적으로 분석해 로드맵을 그리게 한다.

창조적 고독은 자신을 발견하게 한다. 자기를 통찰해 자신의 가치와 목표를 알게 하고, 장점과 약점도 인식하게 만든다. 즉, 자신을 한걸음 더 성숙시킨다. 숲에서 느끼는 고독은 세상의 모든 것에 대한 연민을 불러일으키기도 한다. 또 자연과 깊이 교감하는 신비한 경험으로 영성도 깊게 한다. "신을 이해하려면 숲에 가라."는 초월주의자 에머슨의 말처럼.

숲 속에서 뉘엿뉘엿 지는 석양을 바라보며 우리는 인생에 관한 가장 근원적인 질문을 던진다. '나는 어디서 왔고, 어디로 가고 있는가.' 땅바닥을 기어가는 조그만 곤충을 보면서 세상과 나의 관계를 생각하고, 몇 십 몇 백 년 된 거대한 나무, 또 몇 천 년의 역사를 간직했을 바위를 보면서 우리 인생의 왜소함과 아울러 자연에 대한 경외심도 품는다.

숲에서 혼자 있는 것은 자기의 영혼을 살찌우는 시간이다. 때맞춰 밥을 먹어 육체를 건강하게 하듯 때때로 숲을 찾아 영혼도 살찌워야 한다. 특히 자신이 처한 상황이 변했거나, 심오한 결정을 내려야 할 때는 더욱 그렇다. 이 시간을 통해 우리는 현재의 상황을 진지하게 생각하고 분석할 수 있으며, 창조적으로 새로운 방안을 모색할 수 있다.

숲에서 나를 찾는 방법, 셀프 카운슬링

1. 자기에게 닥친 사건 또는 문제의 리스트를 작성한다.
2. 숲 속에서 편한 장소를 찾아 앉는다.
3. 작성한 리스트 하나하나를 점검한다.
4. 문제의 원인이 무엇인지 깊이 생각해 적는다.
5. 문제를 해결하지 못했을 때 닥칠 결과들을 생각해 적는다.
6. 각각의 문제 원인을 해결할 방안을 생각해 적는다.
7. 이를 위해 필요한 것들이 무엇인지 구체적으로 작성한다.
8. 문제가 해결되었을 때 상황이 어떻게 바뀔지 적는다.

숲에 들어서면 우리는 세상의 모든 것들을 작아 보이게 하는 대자연을 발견한다. 이런 숲의 마법은 우리를 온건하게 만들고 또 치유한다. ―에머슨

천연 우울증 치료제, 숲

2006년 6월 중순 토요일 오후 광릉 국립수목원. 짙푸른 나무와 아름다운 꽃들로 가득 찬 수목원에서 20대에서 50대 후반까지 다양한 연령대의 사람들이 숲과 교감하며 자연과 일치하는 경험을 하고 있었다. 작은 스케치북에 야생화의 아름다운 모습을 세밀히 그리는 40대 아주머니, 웅장한 전나무 아래에서 경외하는 눈으로 나무를 올려다보는 50대 아저씨, 외딴 곳에서 가부좌를 틀고 명상에 빠져 있는 남녀. 각자 다양한 모습으로 숲과 교감하고 있었다.

숲과 깊이 교감한 이들은 숲에서 자란 나물과 버섯 등으로 깔끔하게 차린 저녁밥을 먹은 후 수목원 야외극장에서 시원하고 상큼한 밤 공기를 들이마시며 영화 〈아름다운 비행(Fly Away Home)〉을 감상했다. 영화는 야성을 잃어 날지 못하는 기러기들을 경비행기로 훈련시켜 철새지로 이동시키는 데 성공하는 감동적인 내용이다. 영화를 보고 숙소로 돌아가던 사람들은 하늘에 떠있는 수많은 별과 물줄기처럼 펼쳐진 은하수를 바라보며 감탄을 연발했다. 매일 찾아오는 밤이지만 그렇게 아름다운 밤하늘을 본 기억이 언제였는지 나 역시도 가물가물 떠오르지 않았다.

이 특별했던 시간은 필자와 국립수목원 연구팀이 '숲이 우울 변화에 미치는 영향'을 조사하기 위해 실시한 캠프 프로그램이었다. 프로그램에는 성인 남녀 15명이 참여했는데, 이들은 우울 증세를 가지고 있으나 병원 치료를 받지 않은 사람들로 인터넷과 병원 게시판을 통해 모집해 정신과 의사의 검사와 면담을 거쳐 선발했다. 필자와 연구팀은 숲과 친해지기, 숲과 교류하기, 감정 나누기, 돌아보기, 나의 비전 찾기 등 참가자들이 2박 3일간의 캠프 기간 동안 가능한 한 광릉 국립수목원에서 숲과 일치되는 경험을 할 수 있도록 프로그램을 만들었다.

캠프가 끝난 후 참가자들의 우울증 지수를 측정했더니 이전보다 현격히 감소되었다. 중증 상태(17.2점 이상)였던 우울증 지수가 우울하지 않은 상태(약 7.2점 정도)로 떨어진 것이다. 이 밖에도 의료진이 참가자들을 상담한 결과 불안이 감소하고 행복감이 상승했으며, 자신의 문제와 정체성을 긍정적으로 인정하는 등 뛰어난 효과가 있었다.

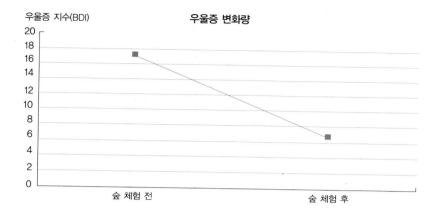

우울증 지수(BDI)

우울증 변화량

숲 체험 전   숲 체험 후

우울증은 암을 비롯한 다른 어느 질병보다도 무섭고 심각한 병이다. 병이 심각해지면 절망에 빠져 스스로 목숨을 버리려 하기 때문이다. 그래서 어떤 철학자는 절망을 죽음에 이르는 병이라 하지 않았던가. 실제로 자살한 사람들의 70퍼센트 이상이 우울증 환자라는 통계도 있다.

정상적인 사람들도 가끔은 우울해지지만 그것이 일상생활에 지장을 줄 정도는 아니다. 우울증은 식욕과 성 생활 감퇴 등 일상생활 전반에 의욕을 잃게 하고, 더 깊어지면 자살 충동도 일으킨다. 우울증은 일시적인 우울감에서 오는 것이 아니라 뇌하수체 이상으로 세로토닌 같은 신경전달물질이 부족해 생기는 병이다. 그러므로 우울증은 흔히 우리가 착각하는 마음의 병이 아니라 뇌의 병이다. 우울증에 대한 사회적 비용은 매우 심각해서 최근 자료에 따르면 자살 방지와 같은 간접비용과 우울증 치료에 들어가는 직접 비용을 포함해 매년 2조 153억 원 규모라고 한다. 만일 숲이 우울증을 예방하고 치료할 수 있다면 엄청난 사회적 의료비를 절감할 수 있을 것이다.

그렇다면 숲은 어떻게 우울증을 해소시키는 것일까? 그것은 숲이 가진 환경적 요인에서 찾을 수 있을 것이다. 숲 환경은 일상의 도시 환경과 다르다. 숲은 도시에서 볼 수 없는 순수한 자연으로 이루어졌고, 인체의 생리와 오감에 긍정적인 자극을 주는 요소들로 구성되어 있다. 예를 들면 녹색의 숲, 아름다운 꽃, 향긋한 냄새, 깨끗한 공기, 새소리·물소리·바람소리 등의 자연 음, 부드러운 촉감 등 셀 수 없이 많다. 그래서 숲은 우울증을 가진 사람들의 심신을 안정시키고 생리적인 반응도 활성화시켜 우울과 불안 등을 해소하는 호르몬 분비를 촉진시킨다.

또한 숲에는 따사롭고 감미로운 햇볕이 가득하다. 이 햇볕은 '행복 호르몬'이라는 세로토닌 분비를 촉진시켜 우울증을 없애 준다. 일반적으로 우울증 처방제로 쓰이는 프로작 같은 약이 바로 세로토닌의 분비를 활성화시켜 주는 물질이다.

그리고 숲의 흙 속에는 우울증을 치료하는 미생물이 가득하다는 사실이 최근 영국의 과학자들에 의해 밝혀졌다. 영국의 브리스톨대학과 유니버시티 칼리지 런던(UCL) 합동 연구팀이 〈신경과학(Neuroscience)〉이라는 학술지에 보고한 연구 결과에 의하면, 흙 속에 존재하는 '미코박테리움 바카이'라는 미생물이 세로토닌의 분비를 촉진시키는 역할을 한다고 밝히고 있다. 흙에서 추출한 이 미생물을 쥐에게 투여하여 혈액 성분을 분석한 결과, 면역체계에 자극을 가하여 더 많은 세로토닌을 분비하게 했다는 것이다. 또한 최근에는 폐암 환자들에게 숲 속 흙의 박테리아 치료를 했더니 이들의 행복감이 기대치 이상으로 상승했다는 연구도 보고되었다.

이렇게 숲의 모든 곳에는 우리를 건강하게 해주는 물질로 가득 차 있다. 숲을 건강하게 이용하기 위해서는 숲에 있는 나무와 꽃, 물, 야생동물과 새들뿐만 아니라 흙의 냄새와 부드러운 촉각까지도 느껴 보는 것이 좋다. 맨발로 흙을 밟아 보고 손으로 만져 보는 것도 좋다.

마음이 울적할수록 방문을 열고 나와 가까운 숲으로 가자. 우울은 사람을 무기력하게 만들어 꿈적하기 싫게 한다. 그러나 과감히 떨치고 일어나 숲으로 가자. 숲은 그 어느 약보다 효과적인 우울증 치료제이다. 우울해질 때 우울한 기분을 떨치는 가장 좋은 방법은, 시간표를 만들어 할 일을 적어 넣고 그에 따라 행동하는 것이다. 스케줄 처음에는 반드시 숲 산책을 넣자. 편지를 쓰거나 물건을 정리한다거나 하는 자잘한 소일거리를 하는 것도 좋다. 시간표 짜기는 슬프고 우울한 감정을 씻어 내고 상실한 의욕을 되살리는 데 효과적인 방법이다.

우울증 자가 진단

* 문항의 내용을 읽고 요즈음(오늘을 포함하여 지난 일주일 동안)의 자신을 가장 잘 나타낸다고 생각되는 것에 체크한다.

1. ① 나는 슬프지 않다.

    ② 나는 슬프다.

    ③ 나는 항상 슬퍼서 그것을 떨쳐 버릴 수 없다.

    ④ 나는 너무나 슬프고 불행해서 도저히 견딜 수 없다.

2. ① 나는 앞날에 대해서 별로 낙심하지 않는다.

    ② 나는 앞날에 대해 비관적인 느낌이 든다.

    ③ 나는 앞날에 대해 기대할 것이 아무것도 없다고 느낀다.

    ④ 나의 앞날은 아주 절망적이고 나아질 가능성이 없다고 느낀다.

3. ① 나는 실패자라고 느끼지 않는다.

    ② 나는 보통 사람들보다 더 많이 실패한 것 같다.

    ③ 내가 살아온 과거를 뒤돌아보면 생각나는 것은 실패뿐이다.

    ④ 나는 인간으로서 완전한 실패자인 것 같다.

4. ① 나는 전과 같이 일상생활에 만족하고 있다.

    ② 나의 일상생활은 전처럼 즐겁지 않다.

    ③ 나는 더는 어떤 것에서도 참된 만족을 얻지 못한다.

    ④ 나는 모든 것이 다 불만스럽고 지겹다.

5. ① 나는 특별히 죄책감을 느끼지 않는다.

    ② 나는 죄책감을 느낄 때가 많다.

    ③ 나는 거의 언제나 죄책감을 느낀다.

    ④ 나는 언제나 항상 죄책감을 느낀다.

6. ① 나는 벌을 받고 있다고 느끼지 않는다.

    ② 나는 아마 벌을 받을 것 같다.

    ③ 나는 벌을 받아야 한다고 느낀다.

    ④ 나는 지금 벌을 받고 있다고 느낀다.

7.   ① 나는 나 자신에게 실망하지 않는다.

      ② 나는 나 자신에게 실망하고 있다.

      ③ 나는 나 자신이 혐오스럽다.

      ④ 나는 나 자신을 증오한다.

8.   ① 내가 다른 사람보다 못할 것 같지는 않다.

      ② 나는 나의 약점이나 실수에 대해서 나 자신을 탓한다.

      ③ 내가 한 일이 잘못되었을 때는 언제나 나를 탓한다.

      ④ 일어나는 모든 나쁜 일은 다 내 탓이다.

9.   ① 나는 자살 같은 것을 생각하지 않는다.

      ② 나는 자살할 생각은 하고 있으나 실제로 하지는 않을 것이다.

      ③ 나는 자살하고 싶다.

      ④ 나는 기회만 있으면 자살하겠다.

10.   ① 나는 평소보다 더 울지는 않는다.

      ② 나는 전보다 더 많이 운다.

      ③ 나는 요즈음 항상 운다.

      ④ 나는 전에는 울고 싶을 때 울 수 있었지만 요즈음에는 울고 싶어도 울 기력조차 없다.

11.   ① 나는 요즈음 평소보다 더 많이 짜증을 내는 편은 아니다.

      ② 나는 전보다 더 쉽게 짜증이 나고 귀찮아진다.

      ③ 나는 요즈음 항상 짜증스럽다.

      ④ 전에는 짜증스럽던 일에 요즈음은 너무 지쳐서 짜증조차 나지 않는다.

12.   ① 나는 다른 사람들에 대한 관심을 잃지 않고 있다.

      ② 나는 전보다 다른 사람들에 대한 관심이 줄었다.

      ③ 나는 다른 사람들에 대한 관심이 거의 없어졌다.

      ④ 나는 다른 사람들에 대한 관심이 없어졌다.

13.   ① 나는 평소처럼 결정을 잘 내린다.

      ② 나는 결정을 미루는 때가 전보다 많다.

      ③ 나는 전에 비해 결정을 내리는 데에 더 큰 어려움을 느낀다.

④ 나는 더는 아무 결정도 내릴 수 없다.

14. ① 나는 전보다 내 모습이 더 나빠졌다고 느끼지 않는다.

② 나는 나이 들어 보이거나 매력 없어 보일까 봐 걱정한다.

③ 나는 내 모습이 매력 없게 변해 버렸다고 느낀다.

④ 나는 내가 추하게 보인다고 믿는다.

15. ① 나는 전처럼 일을 할 수 있다.

② 어떤 일을 시작하려면 나 자신을 심하게 채찍질해야만 한다.

③ 무슨 일이든 하려면 나 자신을 매우 심하게 채찍질해야만 한다.

④ 나는 전혀 아무 일도 할 수가 없다.

16. ① 나는 평소처럼 잠을 잘 수가 있다.

② 나는 전처럼 잠을 자지 못한다.

③ 나는 전보다 한두 시간씩 일찍 깨고 다시 잠들기 어렵다.

④ 나는 평소보다 몇 시간이나 일찍 깨고 다시 잠들 수 없다.

17. ① 나는 평소보다 더 피곤하지는 않다.

② 나는 전보다 더 쉽게 피곤해진다.

③ 나는 무엇을 해도 언제나 피곤해진다.

④ 나는 너무나 피곤해서 아무 일도 할 수 없다.

18. ① 내 식욕은 평소와 다름없다.

② 나는 요즈음 식욕이 약간 떨어졌다.

③ 나는 요즈음 식욕이 많이 떨어졌다.

④ 요즈음에는 전혀 식욕이 없다.

19. ① 요즈음 체중이 별로 줄지 않았다.

② 전보다 몸무게가 2킬로그램 정도 줄었다.

③ 전보다 몸무게가 5킬로그램 정도 줄었다.

④ 전보다 몸무게가 7킬로그램 정도 줄었다.

20. ① 나는 건강에 대해 전보다 더 염려하고 있지는 않다.

② 나는 통증, 소화불량, 변비 등과 같은 신체적인 문제로 걱정하고 있다.

③ 나는 건강이 매우 염려되어 다른 일은 생각하기 힘들다.

④ 나는 건강이 너무 염려되어 다른 일은 아무것도 생각할 수 없다.

21.　① 나는 요즈음 성(sex)에 대한 관심이 별다른 변화가 있는 것 같지는 않다.

② 나는 전보다 성(sex)에 대한 관심이 줄었다.

③ 나는 전보다 성(sex)에 대한 관심이 상당히 줄었다.

④ 나는 성(sex)에 대한 관심이 완전히 줄었다.

---

* 이 우울증 검사는 벡(Beck)이라는 미국의 정신의학자가 우울증 정도를 평가하기 위해 만든 표준화된 검사지로서 세계적으로 가장 많이 쓰인다. ①=0점, ②=1점, ③=2점, ④=3점으로 합산해서 아래 기준에 따라 진단한다. 점수가 높으면 전문가와 상담하는 것이 좋다.

0~9점 : 우울하지 않은 상태

10~15점 : 가벼운 우울 상태

16~23점 : 중한 우울 상태

24~63점 : 심한 우울 상태

나무는 신성하다. 나무와 이야기하고, 나무에 귀를 기울이는 것을 아는 사람은 진리를 아는 사람이다. —헤세

숲에서 얻는
마음의 평화, 명상

이 세상에 존재하는 가장 아름다운 단어는 무엇일까? 나는 주저 없이 '평화'를 택하고 싶다. 평화는 우리 몸과 마음을 치유하고 건강을 유지시키는 값진 선물이다. 그럼 평화는 어디서, 어떻게 얻어지는가. 우리 내면에서 '명상'으로 이끌어 낼 수 있다.

명상은 마음을 다스려 평화롭게 하는 것 외에도 고혈압과 심장병 같은 육체적 질병 치유에도 효과적이라고 최근 연구 결과에서 밝혀졌다. 사실 오늘날 만연된 육체적 질병은 대부분 마음에서 비롯된 것이 많아, 심리적

안정과 마음의 평화를 얻는 것이 질병 치료뿐만 아니라 예방의 가장 핵심적인 임상법인지도 모른다. 이러한 이유로 최근 명상 프로그램을 대체요법으로 도입하는 병원이 늘고 있다.

명상의 효과를 과학적으로 밝혀낸 연구 결과에 따르면, 명상은 몸을 이완시키고 알파파의 발생을 증가시킨다고 한다. 그리고 명상이 깊어지면서 얕은 수면 상태에서 나타나는 뇌파인 세타파가 나온다는 것이다. 이는 명상이 자신을 외부 환경과 단절시키고 자신의 내적 세계로 몰입하게 만듦을 의미한다.

우리 뇌는 좌반구와 우반구로 나뉘어 각자 다른 역할을 한다. 우반구는 불안이나 초조 등과 같은 부정적인 감정에, 좌반구는 행복과 평화로움 같은 긍정적인 감정에 관여한다. 따라서 우리는 뇌의 좌반구를 발달시키고 활성화시키는 습관을 갖도록 노력할 필요가 있다. 이 좌반구는 바로 명상으로 활성화시킬 수 있다. 명상을 할 때 알파파와 세타파가 많이 증가하는 이유도 이것이다. 안정된 상태에서는 뇌 신경물질 분비가 활성화되어 심장과 두뇌 기능이 강화된다는 것이 이 분야를 연구한 과학자들의 주장이다. 명상으로 얻어지는 마음의 평화는 엔도르핀 계통의 호르몬 분비를 촉진시키는데, 특히 베타 엔도르핀은 T림프구를 강화시켜 면역력을 높인다고 한다.

명상은 면역 체계를 강화시켜 암 치료에도 도움이 된다. 캐나다 캘커리 대학 칼슨 박사는 유방암과 전립선암 환자 58명에게 명상을 하게 한 결과, 암 환자를 우울하게 하는 효소는 감소하고 암세포 성장을 늦추는 효소는 3배나 증가했다고 밝혔다.

명상은 세상의 환경과 단절한 뒤 자신의 내면으로 향하는 행위이다. 그렇다면 명상에 좋은 장소는 어디일까? 정답은 역시 숲이다. 숲은 물리적·공간적으로 외부의 모든 것을 차단시켜 더 쉽고 효과적으로 내면에 몰입할 수 있는 환경을 제공한다. 이런 이유 때문에 세계적으로 손꼽히는 명상센터는 모두 숲에 위치하고 있다. 마음을 닦는 수련을 하고자 집을 떠난 사람들이 찾아가는 곳도 바로 산과 숲이다. 바다에서는 자아가 밖으로 표출되고, 숲에서는 자아가 안으로 들어간다고 한다. 숲에 들어가서 편한 자세로 귀를 열고 자연의 소리를 들어 보라. 물소리, 바람소리, 심지어는 나무 사이를 비집고 들어온 햇살이 속삭이는 소리까지, 온몸의 세포를 열고 들어 보라. 우리 몸이, 아니 몸속의 세포 하나하나가 자연의 소리로 씻기며 순결해지는 것을 느낄 것이다. 마음속의 시기와 질투, 미움과 질시, 원망 등 우리를 병들게 하는 생각들도 깨끗이 사라질 것이다.

명상은 매슬로가 주장한 '정상경험'과 심리학자 칙센트미하이(Csikszent-mihalyi)가 주장한 '몰입(Flow)'과도 상통한다. 매슬로는 인간의 가장 상위 욕구인 자아실현 욕구를 설명하면서, 자아실현과 정상경험은 서로 보완적이라고 주장했다. 정상경험이란 의식과 무의식, 그리고 외적·내적 환경이 일치되는 순간으로, 자신의 내적 성장이 이루어지는 경험이라고 설명하고 있다. 또한 칙센트미하이도 의식과 무의식이 일치되는 경험이 몰입이라고 주장하며, 이것이 그 사람의 능력과 내면의 깊은 잠재성을 일깨운다고 설명했다. 몰입은 진정한 자기 발견의 통로이며, 자신이 처한 현실에 긍정적으로 대응하고 도전할 때 이루어진다.

  심리학자들의 연구에 따르면 매슬로의 '정상경험'과 칙센트미하이의 '몰입'은 숲, 특히 사람의 흔적이 거의 없는 원시 숲에서 자주 경험할 수 있다고 한다. 물론 숲만이 이런 경험을 준다는 말은 아니지만 인공적인 환경에서보다 숲이 보다 좋은 환경을 제공하고, 다른 어떤 활동보다 숲에서의 활동이 더 많은 정상경험과 몰입을 하게 한다는 것이다. 이는 숲이 가진 요소들이 이러한 경험을 유발시키는 촉매 역할을 하기 때문이다. 숲의 환경을 생각해 보자. 세상과 단절된 조용한 환경, 부드러운 자연의 감촉과 감미로운 자연 냄새 등등. 이 모든 것이 우리의 의식과 무의식을 자연과 일치시키고, 우리를 쉽게 내면 세계로 빠져들게 한다. 두려움과 걱정이 사라지고 마음이 평온해지면서 별 어려움 없이 명상의 상태로 접어들 수 있다. 이 상태가 바로 정상경험이요, 몰입이다.

  복잡한 사회에서 자기 자신을 돌아볼 틈도 없는 현대인들은 마음의 평화를 외적인 것에서 얻으려고 한다. 더 많은 돈, 더 높은 지위, 더 큰 일 등등. 그러나 이런 것들은 일시적인 기쁨을 줄지는 몰라도 마음을 평화롭게 하지는 못한다. 마음의 평화는 우리 안에 있기 때문이다. 그 평화로 가는 통로이자 길이 바로 숲이다. 명상이라는 차를 타고 말이다.

숲에서 명상, 이렇게 하자

숲은 세상과 단절된 느낌을 주고 나 혼자 집중할 수 있는 아주 좋은 명상 장소다. 명상을 너무 어렵게 생각할 필요는 없다. 숲에서 나를 찾는 시간과 활동이 명상이라 생각하고 다음과 같이 해보자.

언제?

명상을 하려면 우선 마음의 여유가 필요하다. 명상을 위해서는 최소 30분 정도의 시간을 투자해야 한다. 몸이 피곤하거나 식후 졸음이 올 때는 피하는 게 좋다. 하루에 한두 번 몸과 마음이 가벼운 시간을 택하면 좋다.

어디서?

숲에는 아무에게도 방해받지 않는 조용한 장소가 많다. 특별히 마음이 끌리는 장소이면 더욱 좋다. 마음을 흩뜨리는 휴대전화나 시계 같은 것은 가지고 있지 않는 것이 좋다.

어떻게?

명상은 자세가 중요하다. 몸을 똑바로 세우고 편안하게 앉는 자세가 좋다. 이때 등과 머리가 똑바로 세워지도록 한다. 나무에 등을 기대고 앉아도 좋다. 정신을 집중시킬 수 있는 자세가 좋지만 너무 긴장을 주는 자세도 피한다. 심호흡을 하면서 서서히 긴장을 풀도록 한다. 들이쉰 숲 속의 맑은 공기가 내 몸의 세포 구석구석까지 전달되는 것과 같은 느낌을 맛보도록 한다. 여러 가지 생각이 혼란스럽게 하면 조급하게 여기지 말고 그 생각들이 지나가도록 한다. 잠시 후 마음이 편안해지면 명상을 시작한다.

마음의 휴식을
선물하는 숲

숲에 가면 마음이 편안해진다. 평상시 일터나 일상에서 느끼던 격정과 분노, 불안과 초조, 증오와 멸시와 같은 얼룩진 마음이 숲의 고요로 씻긴다. 숲에서 울려오는 침묵의 소리에 한번 귀를 기울여 보라. 침묵의 소리가 이토록 아름다웠던가 하며 놀랄 것이다.

　평소 우리는 온갖 소음과 공해에 시달린다. 그것들이 우리 감각과 정신을 흐리게 한다. 인간 자체가 자연이므로 자연과 배치되는 인위적 소음은 항상 정신적·심리적 갈등과 불안을 자아낸다. 어디 소음뿐이겠는가. 현란한 색깔과 흉물스런 인공물, 자극적인 냄새 등 우리가 사는 세상에서 마주치는 인공적인 것들은 우리의 감각을 망가뜨리고 혼란스럽게 한다.

그러나 숲은 우리를 순수하게 만든다. 숲의 모든 것이 원초적인 순수이기 때문에 우리 마음도 그렇게 되지 않을 수 없다. 또 숲이 보여주는 녹색만큼 평온하고 평화로운 색도 없다. 그래서 우리는 평화의 상징으로 녹색을 많이 쓴다. 숲에 가면 마치 엄숙한 성전에 들어가는 듯하다. 숲은 신의 창조물 중에서 가장 순수한 형태이므로 희망의 세계이며, 세상에 살면서 쌓인 찌든 때를 벗겨내고 우리를 새롭게 만드는 힘이 있다.

왜 사람들은 숲에서 마음이 편안해질까? 이 질문에 대한 시원한 해답은 아직 찾을 수 없다. 그러나 심리학자 융이 주장한 '집단 무의식(collective unconscious)'에서 실마리를 찾을 수 있다. 융은 프로이트와 마찬가지로 무의식의 중요성을 언급했는데, 우리 자신이 직접 경험하지 않은 것들도 무의식 상태로 유전된다고 보았다. 예를 들면, 우리들이 겪어 보지 못한 원시 시대 경험도 우리의 무의식 속에 잔재해 있다는 것이다. 천둥이나 번개 같은 자연현상을 한 번도 경험하지 않은 어린아이가 그것을 무서워하고, 갓 태어난 아기가 가르쳐 주지 않아도 엄마 젖을 빠는 것 등 본능적 행동이 그런 예이다.

융의 집단 무의식 이론을 적용하면, 인류는 오랫동안 숲에서 살아 왔기 때문에 우리 무의식 속에 숲이 고향으로 남아 있으리라고 추측할 수 있다. 그래서 사람들이 숲에 가면 마치 엄마 품에 안긴 듯 평온과 안정을 느끼는 것이 아닐지. 이런 흔적들을 학자들이 과학적으로 실험하여 증명하고 있다. 사람이 가장 선호하는 자연 형태를 시뮬레이션으로 조사했더니 어느 민족을 불문하고 인류가 가장 오랫동안 살아 왔던 숲 형태, 즉 적당한 공간이 확보된 숲과 물이 있는 곳을 가장 좋아하고 그곳에서 가장 큰 안정감과 만족을 얻는 것으로 나타났다. 사회생물학자 윌슨(Wilson)도 '바이오필리아'라는 가설을 통해, 인간에겐 자연을 사랑하고 자연에게 의존하는 유전자가 있다고 주장한다. 융의 집단 무의식을 생물학적 관점으로 바라보았다고 할 수 있다.

인간은 육체와 영혼으로 만들어져 있다. 그런데 언제부터인가 사람들은 육체만 중시하는 것 같다. 몸이 지치고 피로하면 휴식을 취해야 하듯 영혼에게도 피로를 풀 수 있는 휴식을 주어야 한다. 숲은 육체의 피로를 풀어주는 것은 물론 영혼의 안정과 평온도 가져다주는 힘이 있다. 모든 영혼은 숲에서의 고적감을 느껴야 한다. 문명의 모든 것과 떨어져 가장 순수한 자연과 동화되는 고적감은 영혼을 순결하게 정화시켜 준다. 숲의 침묵은 영혼의 에너지를 충전시킨다.

육체와 영혼, 다시 말해 우리 몸과 마음은 따로 떨어져 존재하지 않는다. 많은 의학자가 마음에서 질병이 생긴다는 데 동의한다. 특히 현대인들이 받는 스트레스는 만병의 근원이다. 암까지도 일으킬 정도다. 최근에 미국 캘리포니아대학에서 발표한 연구에 따르면, 스트레스는 우리 인체의 가장 기초 단위인 세포의 노화까지 촉진시켜 결과적으로 생명을 단축시킨다고 한다. 그도 그럴 것이 스트레스는 면역 기능이나 호르몬 분비에 영향을 주기 때문이다.

세상을 살아가면서 스트레스를 받지 않을 수는 없다. 심리학자들은 스트레스가 없으면 오히려 더 위험하다고도 말한다. 적당한 스트레스는 우리 삶을 활기차고 건강하게 유지시켜 준다. 그러나 이런 긍정적인 결과는 스트레스를 스스로 해결하고 극복할 수 있을 때에나 가능하다. 스트레스에 대처하지 못하고 지게 되면 정신 건강을 잃는 것은 물론 앞서 말한 육체적인 질병까지도 얻을 수 있다.

스트레스에 대처하는 가장 좋은 방법은 숲에 가는 것이다. 숲이 스트레스 대처와 해소에 큰 역할을 한다는 사실은 여러 부분에서 증명되고 있다. 그 대상도 매우 다양하다. 직장인의 직무 스트레스, 학생의 학업 스트레스, 환자들이나 심지어는 교도소에 수감된 사람들의 스트레스까지도 숲이 대처할 수 있다는 것이 연구 결과 밝혀지고 있다.

우리는 여러 가지 요인으로 마음이 동요되고 스트레스를 받는다. 스트레스는 즉시 해소하는 것이 좋으며, 방어적 대처보다는 적극적 대처 방법이 효과적이다. 많은 사람이 스트레스를 술이나 흡연 등 바람직하지 못한 방법으로 풀고 있지만 이러한 방법들은 더 심각한 부작용을 일으킨다.

숲은 아주 긍정적이고 효과적인 스트레스 대처 장소이다. 숲에서는 스스로 조절할 수 있는 능력이 생기고, 자신의 여러 문제와 상황을 판단하고 분석하여 새로운 문제를 해결해 나갈 수 있는 실마리를 찾게 된다.

숲은 어느 순간 우리를 감동시킨다. 홀로 핀 야생화의 아름다움, 조그만 다람쥐의 몸짓이 우리 눈길을 사로잡는다. 어떤 숲길은 우리의 육체적 능력을 시험이라도 하듯 힘들고 어려워 온갖 집중력을 요구하는데 그런 길은 우리에게 성취감을 준다. 그 과정을 거친 후 이마에 흐르는 땀을 식혀 주는 산들바람을 맞으면 우리 마음에 켜켜이 쌓여 있는 스트레스 찌꺼기를 훨훨 날려버릴 수 있다.

어떤 숲길은 숲의 온갖 요소와 나를 일치시켜 교감하게 만든다. 나와 숲의 나무 한 그루 한 그루가 하나가 되는 경험을 하게 하고, 너울너울 날아가는 나비의 속삭임을 알아들을 수 있게도 한다. 이런 경험으로 대지, 그리고 온 우주와 내가 일치됨을 느낀다. 내가 곧 우주임을 알게 되는 것이다. 이런 숲 경험은 우리를 일상의 조그만 문제에 매달리는 우물 안 개구리가 아니라 민족과 인류, 나아가 세계에 대한 연민과 사랑을 가진 자아실현자로 성숙시킨다.

작은 행복 찾기

대부분의 사람들은 어떤 일이 자신을 만족스럽고 즐겁게 하는지 제대로 알지 못하지만, 일상생활에서 내가 어떤 활동을 통해 행복과 만족을 얻는지 아는 것은 매우 중요하다. 아래 표는 그러한 것들을 과학적인 방법으로 알아보기 위한 것이다.

표는 5개의 칸으로 그린다. 첫 칸엔 날짜를 적고, 다음 칸에는 활동을, 그 다음 칸엔 그때 함께한 사람을 적는다. 그리고 그 다음 칸에는 활동 전에 얼마나 만족과 즐거움을 기대했는지를 100점 만점 기준으로 적고, 마지막 칸에는 그 활동을 하고 나서 실제로 느낀 만족도를 역시 100점 만점 기준으로 적는다. 만족도를 스스로 평가하는 것이다.

표에는 일주일에 10개 정도의 활동을 적어 놓는다. 이 표를 꾸준히 기록하여 3개월 후에 분석해 보면 내가 만족과 즐거움을 얻는 활동이 무엇인지, 누구와 그 일을 함께 하는 것이 행복감을 주었는지가 나타날 것이다. 이를 바탕으로 행복한 활동과 행복한 동반자를 찾아 스스로 행복한 삶을 만들어 보자.

일상의 주요 활동 평가지의 사례

날짜	활동	함께한 사람	예상 점수	활동 후 점수
8월 2일	극장 가기	남편	85점	80점
8월 5일	소설 읽기	혼자	60점	60점
8월 6일	공원 산책	가족	85점	85점
8월 8일	등산	영희 엄마	80점	90점

숲이 주는
몸의 건강

숲에서 잡는
침묵의 살인자, 고혈압

고혈압은 엄밀히 말해 질병이 아니다. 그러나 많은 병을 일으키는 원인이 되므로 어떤 병보다도 더 무섭다. 고혈압은 별다른 증세를 보이지 않기 때문에 '침묵의 살인자'라는 별명도 가지고 있다. 우리나라도 지방질이 많은 음식 섭취, 잘못된 생활 습관, 운동 부족 등으로 고혈압을 앓는 사람들이 많아지고 있다는 게 의학계 분석이다. 2001년 조사한 자료에 따르면, 30대 이상 성인의 혈압 분포를 살펴보면 남자의 39.8퍼센트, 여자의 30.6퍼센트가 고혈압 전 단계에 속한다. 남자의 28.4퍼센트, 여자의 47.3퍼센트만이 정상 혈압이다. 나이가 들수록 고혈압 위험은 훨씬 커지는데 우리나라 40대 남성 2명 중 1명이 고혈압에 해당한다는 통계 결과가 발표되기도 했다.

2004년 말 대한고혈압학회는 정상 혈압 기준을 140/90mmHg에서 120/80mmHg 미만으로 대폭 낮추었다. 또한 아래 그림에서와 같이 수축기 혈압 120~139mmHg, 확장기 혈압 80~89mmHg에 속하는 범위를 고혈압의 전 단계인 '주의' 단계로 새롭게 구분했다. 이 수준에 해당하는 혈압을 방치할 경우 4년 이내에 고혈압으로 발전할 위험이 정상 혈압 때보다 두 배 이상 높다는 조사 결과가 나왔기 때문이다. 고혈압 전 단계에 해당하는 사람들의 10년 후 심혈관 질환 발생률도 정상인보다 두 배 이상 높았다는 것이 미국에서도 조사되었다. 특히 심근경색의 경우에는 3.5배나 높다

30세 이상 성인의 혈압 분포 (단위 : 퍼센트)

성별	정상	고혈압 전 단계	제1기 고혈압	제2기 고혈압
남자	28.4	39.8	22.5	9.4
여자	47.3	30.6	15.4	6.8

*보건복지부 한국보건사회연구원, 「국민건강영양조사 -검진편」(2002)

혈압(mmHg)
- 정상 (120/80)
- 주의 (120~139/80~89)
- 위험 (140/90)

40대 남자   40대 여자

성인의 혈압 분류

혈압 분류	수축기 혈압 (mmHg)		확장기 혈압 (mmHg)	조치 사항
정상	<120	그리고	<80	1년마다 다시 검사
고혈압 전 단계	120~139	또는	80~89	위험 인자를 줄이고, 6개월마다 다시 검사
제1기 고혈압	140~159	또는	90~99	위험. 의사와 상담
제2기 고혈압	≥160	또는	≥100	당장 병원으로

* 대한고혈압학회, 『2004년도 우리나라 고혈압 진료지침』(2004)

고 한다. 따라서 과거에 정상이라고 생각했던 120~139/80~89mmHg에 속하는 사람들은 혈압 관리를 잘하여 수치를 낮추는 것이 돌연사 예방을 비롯한 건강하고 행복한 삶을 살아가는 관건이다.

고혈압은 다른 여러 가지 위험한 병을 일으키는 요인으로 작용하기 때문에 빨리 조치를 취해야 한다. 먼저 고혈압과 당뇨병의 관계를 알아보자. 두 병은 상관성이 매우 높다. 당뇨병 환자에게서 고혈압이 특히 많이 발견되고, 고혈압 환자에게서도 당뇨가 정상혈압군에 비해 약 2.5배나 높게 나타난다고 전문가들은 밝히고 있다. 고혈압과 당뇨가 공존하면 심혈관 질환과 뇌졸중, 신장 질환이 발병할 가능성이 높으므로 특히 조심해야 한다. 그래서 당뇨병 환자에게는 130/80mmHg 이하로 혈압을 유지하도록 권고하고 있다.

신장 질환과 고혈압 관계도 마찬가지로 연관성이 높다. 만성 신장 질환 환자들에게서는 대부분 고혈압 증상이 나타난다. 신장 기능의 저하는 혈압과 비례하기 때문이다. 특히 수축기 혈압이 조절되지 않으면 신장 기능이 연간 4~8ml/min으로 급속히 나빠진다. 신장 질환 환자들이 고혈압을 치료하는 것은 신장 기능의 악화를 예방하거나 완화시키고, 심혈과 관계된 합병증과 이로 인한 사망률을 줄이고자 하는 것이다. 그래서 신장 기능이 좋지 않은 사람은 혈압을 130/80mmHg 이하로 유지하도록 권고받고, 특히 단백뇨의 단백질 양이 1그램 이상일 때는 125/75mmHg 이하로 철저히 조절하여야만 신장을 보호할 수 있다고 한다. 50대 이상의 남성에게서 흔히 발생하는 발기부전도 고혈압이 있는 사람에게 더 자주 발견된다.

돌연사의 대표적인 원인으로 꼽히는 출혈성 뇌졸중과 같은 뇌혈관 질환과 고혈압의 관계는 거의 정비례한다고 보아야 한다. 국내 연구 결과에 따르면 뇌출혈의 위험도는 제1기 고혈압에서는 2.6배, 제2기 고혈압에서는 4.3배, 180/110mmHg 이상일 때는 9.9배로 급증한다고 한다. 40대 돌연사율이 가장 높다는 우리나라 통계와 40대 고혈압 환자율이 거의 50퍼센트에 육박한다는 사실은 이를 실증적으로 뒷받침해 주고 있다. 40대의 돌연사는 한 가정의 기둥이 졸지에 무너지는 불행이기도 하지만, 생산력이 정점에 오른 인력을 잃는 우리 사회와 국가의 불행이기도 하다. 그러므로 고혈압을 치료하는 일이 이러한 불행을 예방하는 최선책이다.

이렇게 위험한 침묵의 살인자라고 불리는 고혈압은 왜 생길까? 불행히도 지금까지 알려진 바로는 약 95퍼센트의 고혈압이 특별한 원인이 없다는 것이다. 아니 현대 의학 수준에서는 원인을 찾지 못했다는 표현이 더 정확할 것이다. 40대 이하의 고혈압 원인은 대부분 밝힐 수 없다는 것이 전문가들의 의견이다. 이를 전문 용어로 '본태성(本態性) 고혈압'이라 한다. 많은 사람이 혈압이 올라갈 때 두통이 심하고, 뒷골이 당기고, 목이 뻣뻣하다고 호소하지만 전문가들의 연구 실험에 따르면 이런 증상과 혈압 수치는 아무런 관계가 없다고 한다.

고혈압의 직접적인 원인은 아직 모르지만 여러 가지 잘못된 식습관을 비롯한 생활 습관과 상관이 있다는 것은 밝혀지고 있다. 과도한 염분 섭취, 술, 담배, 운동 부족, 공격적인 성격, 과로 등이 고혈압과 관련 있는 요소들이라고 할 수 있다. 따라서 고혈압과 이에 따른 다른 질병의 유발을 막기 위해서는 이러한 생활 습관부터 바꿔야 한다.

가장 효과적인 고혈압 조절 방법은 숲을 이용한 운동이다. 혈압은 몸을 움직일수록, 그리고 몸이 더 가벼울수록 낮아진다는 것이 일반적으로 알려진 사실이다. 숲 산책이나 가벼운 등산 같은 운동을 정기적으로 꾸준히 하면 수축기 혈압은 11mmHg, 이완기 혈압의 경우 8mmHg 정도 낮출 수 있다는 연구 결과가 발표되기도 했다. 이 수치는 혈압약을 복용하여 얻는 효과와 같은 수준이라고 하니 초기 고혈압에 속하는 사람들에겐 특히 효과적일 것이다. 더욱 좋은 소식은 어린아이부터 노인까지 어떤 연령층에게도 효과 있는 방법이 운동이라는 사실이다. 이 정도의 방법으로도 뇌졸중이나 심장마비로 인한 돌연사율을 25퍼센트 이상 줄일 수 있다고 한다.

혈압이 높을수록 격렬한 운동보다는 경사가 낮은 숲길을 택해 걷는 것이 좋다. 다시 말하지만 숲에서 걷기는 힘들지 않고, 지루하지 않으며, 흥미와 즐거움을 동반해 혈압을 조절하는 데 매우 효과적인 운동이다. 러닝머신에서 걷거나 운동장을 걷는 것은 아름다운 자연환경에서 걷는 숲길 산책과는 비교할 수 없다. 오감이 열려 즐거움을 느낄 수 있는 숲길 산책은 심장을 적당히 자극해 운동 효과를 높이고 혈압을 낮추는 데도 아주 좋다. 실험에 따르면 숲의 아름다운 경치와 피톤치드 같은 건강 물질이 우리 몸을 심리적·생리적으로 안정시켜 혈압이 낮아지는 효과를 보인다고 한다.

숲이 혈압을 낮추는 데 결정적인 역할을 한다는 사실을 보여주는 재미있는 실험 결과가 또 하나 있다. 미국의 한 대학에서 실험한 것인데, 비디오로 교통 체증이 심한 장면을 30분 보여준 뒤 아름답고 평온한 숲 장면을 보여주어 혈압이 어떻게 변하는가를 조사하였다. 교통 체증이 심한 비디오를 볼 때 사람들의 반응은 혈압이 올라가고 근육이 수축되는 등 스트레스를 받았을 때와 같은 생리 현상을 보였는데, 숲 비디오를 본 지 10분도 되지 않아 혈압이 떨어지는 것으로 나타났다. 이렇게 숲은 간접적으로 경험해도 혈압을 낮추는 효과가 있다. 그러니 사무실에서 종일 근무하거나 숲에 갈 시간과 여유가 되지 않는 상황이라면 창문 너머로라도 숲을 보자.

왜 숲이 혈압 조절에 도움이 되는지 알아보자. 일단 걷는 것은 몸의 지방을 분해시켜 체중을 줄여 주는데 이것이 혈압을 조절하는 데 결정적인 역할을 한다. 숲에서 걷기나 등산은 호흡을 빠르게 할 뿐만 아니라 염분, 수분, 노폐물까지 땀으로 배출시켜 혈압을 더 잘 조절하게 되는 것이다. 사실 전통적인 혈압 강하제 중의 하나가 이뇨제이다.

또한 숲은 아드레날린 분비량을 떨어뜨려 심장 박동수와 혈압을 낮추어 준다. 이것은 베타차단제 같은 혈압약과 효과가 같다. 이런 약은 피로감과 불면 같은 부작용이 있지만 숲에서의 활동은 더 활기차 밤에도 달콤하게 자게 하니 얼마나 효과적인가.

숲에서 적절히 활동하면 또 다른 호르몬인 인슐린 수치도 낮아져 혈압이 떨어진다. 췌장에서 만들어지는 인슐린은 우리 몸의 당도를 조절해 준다. 고혈압 증상이 있는 사람 대부분은 인슐린 수치가 높다. 몸속의 당을 조절하기 위해 더 많은 인슐린이 필요한 것이다. 비만인 사람도 비슷하다. 인슐린 수치가 정상보다 높으면 신장이 염분을 걸러내지 못하고 가지고 있기 때문에 체내 염분 농도가 높아진다. 이 때문에 혈압이 높아지는 것이다. 그런데 숲은 이 인슐린 수치를 낮추어 혈압을 조절해 준다.

다만 한 가지 주의할 점은, 고혈압 환자는 가파른 산에 오르거나 심장에 부담을 줄 수 있는 과격한 활동은 하지 않는 것이 좋다. 고산지대는 산소가 부족하기 때문에 특히 피해야 한다. 또한 날씨가 추우면 혈압이 올라가므로 몸을 따뜻하게 해야 한다. 과체중이면서 고혈압이 있다면 공원이나 평지 숲길을 꾸준히 산책하는 정도가 좋다. 숲은 어느 약보다도 효과적인 혈압 강하제라는 사실을 마음에 두고 즐거운 마음으로 자주 숲을 찾으면 '침묵의 살인자'의 위협에서 벗어날 수 있을 것이다.

고혈압 환자를 위한 숲 이용법

이제부터 숲을 이용하기로 마음먹었다면 실천 방법은 매우 쉽다. 간단한 옷차림과 편한 신발을 착용하고 가까운 공원이나 동네 숲으로 가자. 다만 초보자라면 천천히 무리하지 말고 우선 운동에 재미를 붙여야 한다. 운동 해야 한다는 의무보다는 흥미로운 여가를 즐긴다는 기분으로 숲을 찾자.

얼마나 시간을 투자할까?

처음엔 30분 정도로 시작하자. 일주일에 최소한 세 번 이상 숲에 가자. 차츰 흥미를 느끼기 시작하면 40분, 1시간, 1시간 반으로 시간을 늘리고, 매일 숲에 가는 습관을 들이자.

어떤 활동을 할까?

숲길을 걷는 것이 최고의 운동이다. 처음엔 천천히 걷다가 점점 빨리 걷고, 마무리할 때쯤에는 다시 천천히 걷는다. 걸으면서 아름다운 야생화를 감상하거나 새소리에 귀를 기울이는 것도 좋다. 도감을 가지고 다니면서 나무와 야생화 이름을 익혀 보는 것도 흥미로울 것이다. 오감을 열고 몸과 마음을 숲과 일치시켜 보자.

혈압 강하제를 복용하는데도 숲 운동이 좋은가?

물론이다. 만일 혈압약을 먹고 있다면 운동 강도를 어떻게 할지는 의사에게 물어보는 것이 좋다. 약의 종류에 따라 효과적인 운동의 성격이 달라지기 때문이다. 베타차단제나 칼슘길항제 같은 약을 복용한다면 단순히 심장 박동수로 운동 강도를 결정할 수 없고, 이뇨제를 복용할 경우에는 약이나 운동 때문에 손실되는 칼륨이나 마그네슘을 충분하게 보충해 주어야 한다. 그러므로 약을 복용하는 환자라면 의사와 먼저 상의해야 한다.

운동을 중단하면 혈압 강하 효과가 얼마나 지속될까?
숲에서 걷기와 같은 운동이 주는 효과는 마치 약을 먹는 것과 같다. 약을 끊으면 그 효과가 서서히 감소하는 것과 같이 숲에서 걷기도 마찬가지이다. 미국에서 발표된 연구 결과에 따르면, 고혈압 환자 54명을 대상으로 일주일에 세 번씩 숲에서 운동시킨 결과 3개월 후 혈압이 정상 수준으로 떨어졌다. 그 후 14명은 운동을 중단했는데 3개월 후 혈압을 재어 보았더니 다시 고혈압으로 돌아와 있었다. 약이든 숲 걷기든 꾸준히 해야만 효과를 기대할 수 있다.

비만을 숲에서 해결한다

우리나라 국민의 평균 수명이 점차 늘어나서 남자는 73.4세, 여자는 80.4세라는 통계청의 발표가 있었다. 특히 여자들의 평균 수명은 OECD 국가들의 평균과 근접한다고 하니 가히 세계적인 수준이다. 언젠가 교통, 자연, 교육환경 등이 열악한 우리나라에서 여성들이 그렇게 오래 살 수 있는 이유에 대해 이야기를 나눈 적이 있다. 그 자리에서 함께 이야기를 나누던 모든 사람이 동네마다 자리잡은 크고 작은 숲과 산 때문이라는 데 모두 동의했다. 열심히 산과 숲에 가서 몸과 마음을 건강히 한 덕이라는 것이다.

우리나라는 전 국토의 65퍼센트가 산과 숲으로 이루어진 세계적으로 산림률이 높은 나라이다. 세계적인 산림국인 스웨덴도 국토 면적 중 숲의 비율이 68퍼센트이니 우리나라는 가히 산림 선진국이라고 할 만하다. 이런 천혜의 건강과 복지 자원인 숲을 잘 이용함으로써 우리나라 여성들은 장수를 누린다는 의견이 있다. 이에 대한 정확한 근거는 없지만 나는 충분히 타당하다고 생각한다. 2년 전 산림과학원과 공동으로 전국의 도시 근교 숲을 이용하는 1,000명을 대상으로 숲 이용 동기와 그로 인한 좋은 점 등에 대해 조사했다. 응답자의 약 80퍼센트가 건강 때문에 숲을 찾고, 그것이 숲을 이용해서 얻는 가장 큰 장점이라고 밝혔다.

숲을 이용함으로써 얻어지는 가장 대표적인 건강의 편익은 비만 해소, 즉 체중 감량이다. 사실 비만은 이제 너무 흔하기 때문에 사람들은 특별히 그 위험이 심각하다고 생각하지 않는다. 그러나 대한의사협회는 비만은 단지 미용상의 문제가 아닌 각종 성인병의 뿌리를 이루는 질환이라고 단언한다. 미국의 랜드연구소가 미국 성인 남녀 1만 명을 대상으로 암, 심장병, 뇌졸중, 관절염, 당뇨 등 17개의 만성 질환과 흡연, 음주, 빈곤, 비만의 상관관계를 조사했는데, 그 결과 비만이 빈곤이나 음주는 물론 건강의 최대 적이라고 알려져 있는 흡연보다도 더 해롭다고 밝혀졌다. 국내 통계를 보더라도 비만은 심각하다. 성인의 약 26퍼센트가 비만에 속하고, 아이들의 경우엔 더욱 심각해 정상 체중의 20퍼센트를 초과하는 어린이가 35퍼센트가 넘는다고 한다. 전체적으로 10년 전에 비해 3배 정도 늘어난 수치라니 비만율 증가는 가히 무서울 정도다. 비만을 퇴치하기 위한 사회 비용도 어마어

마하다. 최근에는 다이어트산업 시장이 가장 유망한 산업으로 손꼽히는데 미국의 경우엔 연간 7조 8억 달러 규모로 자동차 시장의 26배나 된다고 한다. 우리나라 경우에도 약 1조 원이 넘는다.

비만의 원인은 아주 단순하다. 단순 비만의 경우는 먹은 것, 즉 열량 섭취가 소비하는 것보다 많아 여분의 에너지가 몸 안에 지방으로 축적되어 생긴다. 그렇다면 해결책 또한 단순하다. 열량 섭취를 적게 하든지, 에너지 소비를 높여 몸에 축적되지 않게 하면 된다. 이 경우 가장 효과적인 방법이 운동, 즉 몸을 움직여 열량을 소비하는 것이다. 운동 중에서도 비만에 가장 효과적인 것이 숲에서 걷기이다. 왜 숲에서 걷는 것이 좋을까? 몸에서는 체지방이 줄어들고 마음은 평화롭기 때문이다. 달리기와 같은 격렬한 운동은 몸의 지방을 산화시키는 데 일정 시간이 필요하지만 걷기는 걷는 순간부터 지방을 소모시키기 때문에 효율성이 높은 운동이다. 또 격렬한 운동은 땀이 나고 몸이 쉽게 피곤해지기 때문에 운동을 했다는 기분이 바로 들지만 걷기는 그렇지 않아 오랜 시간 지속할 수 있다. 따라서 지방을 분해시키는 데 가장 효과적인 것이 걷기라는 것이다.

숲에서 걸으면 우리 몸은 어떻게 변할까? 처음에는 심장 박동이 분당 70회에서 100회 정도 뛰기 시작하고, 근육을 데우기 위해 피의 순환이 빨라지기 시작한다. 움직임을 쉽게 하기 위해 관절에는 윤활액이 공급된다. 이때부터 분당 약 5칼로리의 열량이 소모된다(몸을 움직이지 않을 때는 보통 분당 1칼로리 정도가 소모된다). 10분 정도 걸으면 심장이 분당 100회에서 140회 정도 뛴다. 이때 분당 6칼로리 정도가 소모되며, 근육에 더 많은 산소와 혈액을 공급하기 위해 혈압이 높아진다. 20분 정도 계속 걸으면 체온이 올라가고, 체온을 식히기 위해 땀이 나기 시작한다. 계속 걸으면서 호흡이 점점 가빠지고 분당 7칼로리 정도의 열량이 소모된다. 체내에서도 변화가 일어나 에피네프린과 글루카곤 같은 호르몬이 부신에서 분비되어 근육에 공급된다.

걷기 시작한 지 45분 정도가 되면 몸의 긴장이 천천히 풀리고, 뇌에서는 행복 호르몬인 엔도르핀이 생성된다. 그리고 몸의 지방이 분해되면서 지방을 몸에 저장시키는 인슐린 양도 떨어진다. 1시간 정도 지나면 피로해지고 서서히 체온도 식으며 심장 박동과 호흡도 느려진다. 칼로리의 소모는 분당 6칼로리 정도로 낮아진다.

숲에서 걸으면 비만 예방뿐만이 아니라 호흡률이 좋아져서 산소의 흡입량도 늘어난다. 숲에서 맘껏 신선한 공기와 산소를 들이마시면 뇌세포를 포함한 신체의 각 세포에 필요한 산소가 충분히 공급되어 신진대사가 활발해진다. 숲에 들어서면 머리가 맑아지고 창의적인 생각이 떠오르는 이유가 바로 신선하고 깨끗한 산소 덕분이다. 그뿐이랴. 연구 결과에 따르면 숲에서 걸으면 좋은 콜레스테롤이 증가하고, 고지혈증이 개선되며, 당뇨와 고혈압, 노화 예방과 골밀도를 유지시키는 등의 효과도 얻을 수 있다. 그러므로 숲 걷기야말로 최고의 몸매 유지 기법이며, 장수의 비약이 아니겠는가.

숲에서 걷기에 대한 몇 가지 궁금증

언제 걸을까?

한마디로 정답은 없다. 사람마다 다르기 때문이다. 어떤 사람은 새벽 일찍 일어나 숲으로 가길 좋아하고, 어떤 사람은 반대로 오후에 숲을 즐긴다. 굳이 어느 때가 좋다고 생각하지 말고 내가 편하고 즐겁다고 생각하는 시간에 가라. 그러나 여름철엔 오전이, 겨울철엔 오후가 좋다.

식사를 하고 가는 것이 좋을까, 식전이 좋을까?

이것도 역시 사람마다 사정이 다르기 때문에 정답이 없다. 다만 숲에서 걷기 1시간 전쯤에 음식을 약간 먹어 두는 것이 체력을 위해 좋다. 과식한 후에 숲에 가는 것은 가급적 피하라. 우리 몸은 운동하면서 소화시키는 것을 좋아하지 않기 때문이다.

걷기 전에 준비운동을 해야 할까?

많은 사람이 숲에서 걷기 전에 준비운동으로 몸을 풀어 주거나 스트레칭을 해야 한다고 생각한다. 그러나 5분에서 10분 정도 천천히 걸으면 충분한 예비 운동이 된다. 스트레칭은 걷기가 끝난 후에 하는 것이 좋다. 어떤 사람들은 숲 걷기가 끝나고 나면 관절이 아프고 피곤하기 때문에 스트레칭으로 마무리하지 않는 것이 좋다고 생각하는데 이는 잘못된 생각이다. 몸이 불편한 상태일수록 스트레칭으로 풀어 주어야만 근육이나 관절이 다치지 않는다.

어떤 속도로 걸어야 좋을까?

시작할 때는 천천히 걷다가 걷기에 익숙해지기 시작하는 10여 분 후에는 빠르게 걷는 것이 좋다. 숲길은 지형이 다양하므로 지형에 맞춰 속도를 조절하면 좋다. 경사를 올라갈 때는 보폭을 작게 잡고 천천히 걸어야 지치지 않고, 내리막길에서도 빨리 걸으면 넘어지거나 관절에 무리를 줄 수 있으니 조심해야 한다. 대신 평지에서는 가능한 한 빨리 걷는다. 숲에는 우리 오감을 자극할 많은 요소가 있으므로 이들과 교감하면서 걷는다. 속도는 크게 중요한 것이 아니다.

나의 비만도는?

비만은 주로 체질량지수(BMI)로 측정한다. 체질량지수는 신장과 체중을 이용해 산출한 지수로서 쉽게 계산할 수 있으며, 비만 판정 기준인 신체의 지방량과 관계가 높아서 비만 정도를 알아보기 쉽다. 체질량지수의 계산 방법은 다음과 같다.

BMI = 체중(kg) / 키(m)^2

판정 방법

18.5 이하 : 저체중

18.5~24.9 : 정상

25.0~29.9 : 과체중

30.0 이상 : 비만

인간의 행복은 건강에 의하여 좌우되는 것이 보통이며, 건강하기만 하다면 모든 일은 즐거움과 기쁨의 원천이 된다. 반대로 건강하지 못하면 이러한 외면적 행복도 즐거움이 되지 않을 뿐만 아니라 뛰어난 지(知), 정(情), 의(義)조차도 현저하게 감소한다. ─쇼펜하우어

심장 기능을 높여 주는 숲

우리 몸에서 가장 부지런한 일꾼을 꼽으라면 무엇일까? 대부분 심장이라고 말할 것이다. 그렇다. 심장은 보통 1분에 75회, 1년에 4천만 번을 뛴다. 한 사람이 80세까지 산다고 하면 평생 32억 번을 뛰는 셈이다. 심장이 뿜어내는 피의 양을 계산하면 엄청나다. 심장은 1분간 약 4~5리터의 혈액을 뿜어내 하루에 약 1만 1천 리터 이상을 방출한다. 심장의 움직임을 힘으로 계산하면 심장이 1시간 동안 내는 힘은 몸무게가 68킬로그램인 사람을 3층으로 들어올리는 힘과 맞먹는다고 하니 가히 그 위력을 짐작할 만하다.

심장은 우리가 잠자는 시간에도 아무런 불평 없이 이런 엄청난 일을 묵묵히 해내고 있다.

그런데 생각해 보자. 이렇게 우리가 자거나 깨어 있을 때를 막론하고 이 엄청난 일을 해내는 심장이 제대로 역할을 하지 못한다면 어떻게 되겠는가. 두말할 필요 없이 생명이 꺼진다. 듣기에도 끔찍한 '심장마비'란 심장이 한순간 멈추어 버리는 것이다. 심장이 멈추면 몸의 각 기관과 세포들이 혈액과 산소를 공급받지 못해 생명 활동이 정지된다.

그래서 심장의 뜀, 즉 심장 박동은 우리의 건강과 상당한 관련이 있다. 요즘도 한의원에서는 환자가 찾아가면 우선 진맥부터 해서 심장의 박동수와 강약으로 몸 상태를 판단한다. 일반적으로 체력이 건강한 사람들, 마라토너와 같은 운동선수들의 맥박은 규칙적이고 강하다. 또한 천천히 뛴다. 심장 수축력이 커서 1회 박동으로도 몸에 필요한 피를 공급할 수 있다는 뜻이다.

심장이 건강하다는 것은 우리 몸에 혈액 공급과 순환이 잘 된다는 뜻이다. 그것은 신체의 각 부분과 세포에 산소와 영양분이 원활하게 공급된다는 의미이다. 그뿐만 아니다. 피는 각 기관과 조직들이 열심히 일을 하고 난 뒤에 남긴 탄산가스와 노폐물을 수거하는 역할도 하므로, 온몸의 각 기관이 정상적으로 활발한 역할과 기능을 수행할 수 있도록 도와주는 것이다. 집에 아무리 좋은 가전제품이 많더라도 전기가 제대로 공급되지 못하면 소용이 없는 것과 같은 이치이다.

선진국일수록 심장 질환 발병률이 높다. 미국은 매년 전체 사망자의 42퍼센트가 심장 질환이며, 우리나라도 1970년대부터 사망 원인 1위가 바

숲의 건강한 나무와 같이
산림욕은 건강한 심장과 혈관을 유지하게 한다.

로 심장 질환이다. 대표적인 성인병으로 분류되는 심장 질환은 수렵이나 농경 사회에서는 드문 병이었다. 원시 야생 환경에서 살고 있는 영장류에서도 심장병은 매우 희귀한 병이었다고 하니 심장 질환은 인간이 자연과 동떨어져 살기 시작한 데서 원인을 찾을 수 있을 것이다. 예를 들면 자연과 숲에서 자연 친화적인 삶을 살 때 자연스럽게 이루어졌던 운동이 부족하고, 섭취하는 음식도 섬유소 성분 대신 지방·설탕·소금이 늘어났으며, 자연의 소리와 향기에 적합한 오감이 인위적이고 오염된 물질로 둔해졌기 때문일 것이다.

또 한 가지 심장병의 증가 요인은 바로 콜레스테롤이다. 의학자들은 콜레스테롤 수치가 1밀리그램 올라갈 때마다 심장병 발생률도 2~3퍼센트 증가한다고 보고 있다. 문제는 우리나라 국민의 콜레스테롤 수치가 급상승하고 있다는 데 있다. 10년마다 10밀리그램씩 증가한다고 하니 심장병의 발생률이 20~30퍼센트나 증가하는 셈이다.

원래 콜레스테롤은 세포막과 스테로이드 호르몬을 생성하고 지방 흡수에도 필요한, 인체에 꼭 필요한 물질이다. 혈액 중에는 좋은 콜레스테롤이라는 고밀도지단백질(high-density lipoprotein)과 나쁜 콜레스테롤이라 불리는 저밀도지단백질(low-density lipoprotein)이 있다. 그중 저밀도지단백질은 혈액을 탁하게 만들어 혈관에 찌꺼기가 쌓이게 한다. 이 때문에 혈관이 막히거나 심장이 버거워해 결국 뇌졸중이나 심장병에 걸리게 된다. 일반적으로 저밀도지단백질 수치가 높으면 혈액에 함유된 지방의 일종인 중성지방이 높기 때문에 동맥경화의 위험성도 더 높아진다. 반면 좋은 콜레스테롤이라는 고밀도지단백질은 혈액에 있는 나쁜 콜레스테롤을 없애 주어 관상동맥 질환의 위험성을 낮추기도 한다. 따라서 고밀도지단백질 수치는 높이고, 저밀도지단백질 수치는 낮추는 게 관건이다. 최근 발표된 의학 자료를 보면 총 콜레스테롤은 200mg/dL 미만, 이중 저밀도지단백질은 100mg/dL 미만, 고밀도지단백질은 60mg/dL 이상이 되도록 유지할 것을 권고하고 있다.

숲과 자연을 떠나 살고 있는 현대인들은 운동 부족이나 잘못된 식습관 등과 같은 원인으로 심각한 심장 질환의 위험에 노출되어 있다. 이에 대한 근본적인 대처는 자연 친화적 삶을 살아가는 것이다. 다시 말하자면 숲이 그 답이다. 야생에서 자란 동물과 집에서 키운 동물을 비교해 본 결과 몸집 대 심장 비율, 심장의 근육세포 밀도 같은 해부학적 차이가 크다는 것이 밝혀졌다. 숲에서 사는 야생 상태가 심장 기능을 더 활성화시킨다는 증거이다.

숲을 잘 이용하면 심장 질환 발병률이 줄어들고 심장 질환도 예방할 수 있다는 연구 자료가 또 하나 있다. 오스트리아의 심장병전문의 드레첼 박사가 미국 뉴올리언스에서 열린 국제심장학회에서 발표한 연구 결과다. 드레첼 박사는 숲 속의 오르막길과 내리막길을 걷는 것이 심장과 혈관 질환에 어떠한 영향을 미치는지 조사하기 위해 알프스 등산로를 사례로 삼아 조사하였다. 건강한 45명의 참여자는 3~5시간 걸리는 이 등산로를 일주일에 한 번씩 두 달간 올랐다. 그리고 다음 두 달 동안은 리프트를 타고 오른 다음 걸어서 내려왔다. 실험 전후에 혈액을 채취해 비교해 보았더니 내리막길을 걸을 때는 혈당이 없어지고 포도당에 대한 내성이 증가했으며, 오르막길을 걸을 때는 혈중 지방이 뚜렷이 감소했다. 또한 오르막길과 내리막길을 걷는 경우 모두 혈중 콜레스테롤이 감소했다고 드레첼 박사는 보고했다.

숲에서 운동하면 심장 질환 예방 등 심장 건강에 커다란 영향이 있을 것으로 생각된다. 숲에서 활동하는 것은 모두 사실상 운동 효과를 가져다주기 때문이다. 신체 특정 부위만 움직이는 것이 아니라 온몸을 모두 이용하는 종합적인 운동이고, 육체적 자극뿐만 아니라 정신적 · 심리적인 자극까지도 주는 운동이다. 운동이 심장 질환 예방에 효과가 있다는 연구는 수를 헤아릴 수 없을 만큼 많다. 가장 좋은 운동은 부담없이 어느 때든 할 수 있는 것이다. 이런 면에서 본다면 산책은 두말할 필요 없이 100점짜리 운동이다. 짬이 나면 언제든지 어느 차림으로도 갈 수 있기 때문이다. 숲을 걷는 산책을 일상화해서 사망 원인 1위라는 무서운 심장 질환을 이겨 내자.

나의 심장병 위험은 어느 정도일까?

나이	1. 나의 나이는 45세(남자) 또는 55세(여자) 이상이다.	그렇다면 +1점
가족 병력	2. 아버지가 55세 이전에 심장마비에 걸렸었다.	그렇다면 +2점
	3. 어머니가 65세 이전에 심장마비에 걸렸었다.	그렇다면 +2점
	4. 형제 중에 55세 이전에 심장마비에 걸린 사람이 있다.	그렇다면 +1점
	5. 자매 중에 65세 이전에 심장마비에 걸린 사람이 있다.	그렇다면 +1점
	6. 가족 중에 뇌졸중에 걸린 사람이 있다.	그렇다면 +1점
흡연 여부	7. 현재 담배를 피운다.	그렇다면 +1점
	8. 담배를 피운 지 10년 이상 되었다.	그렇다면 +1점
	9. 하루에 10개비 이상 담배를 피운다.	그렇다면 +1점
	10. 담배를 피우는 사람과 함께 살거나 일한다.	그렇다면 +1점

콜레스테롤	11. 전체 콜레스테롤 양이 240mg/dL 이상이다.	그렇다면 +1점
	12. 저밀도 콜레스테롤(LDL)이 130mg/dL 이상이다.	그렇다면 +1점
	13. 저밀도 콜레스테롤(LDL)이 160mg/dL 이상이다.	그렇다면 +1점
	14. 저밀도 콜레스테롤(LDL)이 190mg/dL 이상이다.	그렇다면 +1점
	15. 고밀도 콜레스테롤(HDL)이 35mg/dL 이하이다.	그렇다면 +3점
	16. 저밀도 콜레스테롤(LDL)이 100mg/dL 이하이다.	그렇다면 −1점
	17. 고밀도 콜레스테롤(HDL)이 75mg/dL 이상이다.	그렇다면 −1점
	18. 트리글리세리드 수준이 500mg/dL 이상이다.	그렇다면 +1점
운동 습관	19. 일주일에 한 번 이하로 운동한다.	그렇다면 +2점
	20. 일주일에 한 번씩 운동한다.	그렇다면 −1점
	21. 일주일에 2~3회 운동한다.	그렇다면 −1점
	22. 일주일에 3회 이상 운동한다.	그렇다면 −1점
혈압	23. 혈압이 140/90mmHg 이상이다.	그렇다면 +2점
	24. 혈압이 160/105mmHg 이상이다.	그렇다면 +1점
	25. 혈압이 200/115mmHg 이상이다.	그렇다면 +2점
체중	26. 정상 체중보다 10kg 이상 과체중	그렇다면 +1점
	27. 정상 체중보다 25kg 이상 과체중	그렇다면 +1점
	28. 정상 체중보다 50kg 이상 과체중	그렇다면 +1점
혈당	29. 당뇨가 있거나 혈당 조절 약을 먹는다.	그렇다면 +4점

＊ 항목별 점수를 합산한 후 총점 결과를 아래 기준에 따란 진단한다.

2점 이하 : 위험하지 않음

3~6점 : 그리 위험하지 않음

7~10점 : 위험할 수 있음

11~14점 : 위험함

행복은 무엇보다 건강 속에 있다. -커티스

산림욕으로 뼈를 튼튼하게 유지하자

우리 인체를 지탱하고 내부의 중요한 기관을 보호하는 뼈는 나무나 벽돌, 심지어 콘크리트보다도 강하다. 같은 부피로 비교하자면 무게는 철근의 3분의 1밖에 되지 않지만 철근보다 더 유연하게 무거운 무게를 버틴다. 이런 유연성 때문에 뼈는 벽돌이나 콘크리트보다도 잘 부러지지 않고 충격도 더 잘 흡수한다.

우리가 잘 아는 것처럼 뼈의 주성분은 칼슘이다. 우리 몸에 있는 칼슘의 약 98퍼센트를 뼈가 가지고 있다. 그러나 이처럼 튼튼한 뼈도 잘 관리하지 못하면 약해져서 약간의 충격에도 부러지거나 골절 등에 걸릴 수 있다.

뼈는 성년이 되기까지 계속 성장한다. 그래서 키가 크게 되는데 어느 정도 나이가 들면 성장이 멈춘다. 그러나 성장을 멈춘 후에도 오래된 뼈 조직은 제거되고 새로운 조직이 생기면서 뼈는 항상 튼튼하게 유지된다. 뼈의 생성 과정에서 균형을 잃으면 뼈의 밀도가 낮아져 골다공증이라는 병이 생긴다. 즉, 오래된 뼈를 분해하는 세포와 그 자리를 새로운 뼈로 채우는 세포의 활동으로 뼈의 밀도가 일정하게 유지되는데 이런 뼈의 밀도는 나이를 먹어가면서 자연히 감소한다.

아래 그래프는 여성의 골밀도 변화를 연령대별로 살펴본 것이다. 여성의 골밀도 저하와 골다공증 위험이 남성에 비해 10배 정도 높다는 게 일반적인 연구 결과이다. 대체로 20대 후반에서 30대까지는 골밀도가 최고 수준이다. 30세가 넘으면서 골밀도는 점점 감소하고, 40대 이후가 되면 급격히 감소한다. 노년에 이르면 골밀도가 너무 약해져 조그만 충격에도 뼈가 쉽

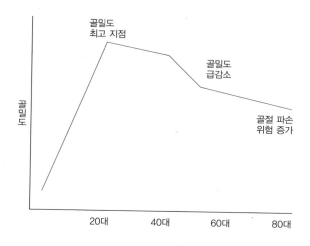

게 부러지고, 손상된 뼈는 회복이 점차 힘들어진다. 일반적으로 어릴 때는 뼈를 새로 만드는 세포가 왕성하게 활동하는 반면, 20대가 지나면서는 뼈를 분해하는 세포가 새로 만드는 세포보다 더 활발히 활동하기 때문이다. 그것은 나이가 들면서 뼈의 주성분인 칼슘이 제대로 공급되지 않기 때문인데 칼슘이 위장에서 소화, 흡수되기 힘들어지고 뼈 속에 있는 칼슘조차 혈액으로 빠져 나간다.

뼈의 칼슘이 부족해서 조직이 엉성해지는 증상을 보통 골다공증이라 한다. 옛날에는 골다공증이라고 하면 여성과 노인들에게만 나타나는 증상이라고 생각했지만 요즘에는 나이와 성별을 가리지 않고 골다공증으로 고생하는 사람들이 많다. 환경호르몬이나 중금속에 대한 노출로 남성에게도 골다공증 발병률이 급격히 증가하고 있다. 또 과도한 음주, 흡연, 운동 부족 등이 남성 골다공증 발병의 주요 요인으로 지적되고 있다. 과음과 흡연은 뼈의 손실을 가속화시킬 뿐만 아니라 뼈의 생성을 저하시킨다.

튼튼한 뼈를 지키기 위해서는 뼈의 칼슘이 균형을 이루도록 칼슘을 충분히 섭취해야 한다. 그런데 칼슘은 우리 몸에 곧바로 흡수되지 못하고 비타민 D의 도움을 받아야 한다. 그러므로 칼슘과 함께 비타민 D도 충분히 공급받아야 한다. 천연의 비타민 D를 섭취하는 가장 좋은 방법은 야외, 특히 숲에 가서 즐거운 시간을 자주 보내는 것이다. 숲에서는 아주 이상적인 햇볕을 충분히 쬘 수 있기 때문이다. 숲에는 그늘도 적당히 있어 직접 햇볕을 쬐는 것으로 생길 수 있는 피부 질환과 노화도 줄일 수 있다.

숲이 우리 뼈를 튼튼히 유지시켜 주는 또 다른 이유는 재미있고 지속적으로 운동하게 만들어 주기 때문이다. 운동이 뼈의 성장과 건강에 도움이 된다는 사실은 이미 널리 알려져 있다. 최근 캐나다 서스캐처원대학에서 조사한 연구 자료에 따르면, 운동을 꾸준히 한 집단의 뼈 성장과 골밀도가 운동을 하지 않은 집단에 비해 9~17퍼센트까지 더 높았다고 한다.

숲은 적당한 자극과 흥미로 자연스럽게 운동을 하게 만든다. 숲에서는 스스로 걷거나 뛰어야 하는데 이런 몸의 움직임, 즉 운동은 좁은 공간에서 의무적으로 해야 하는 것과 판이하게 다르다. 숲에는 깨끗한 공기와 산소가 풍부하므로 신체의 활력을 최대로 높이면서 운동할 수 있다. 그 덕분에 폐활량이 많아져 깊은 호흡이 가능하다. 또 숲에는 다양한 지형이 있어 전신 운동이 가능하다. 내리막과 오르막이 있고, 개울과 징검다리도 있어 자연스럽게 몸의 균형을 유지하는 운동을 할 수 있다. 숲은 뼈와 근육을 단련시키고 강건하게 유지하는 데 최적의 장소이다.

나의 골다공증 위험도는?

1. 부모님이 넘어지거나 작은 충격으로 고관절이 부러진 적이 있는가?

2. 넘어지거나 작은 충격으로 뼈가 부러진 적이 있는가?

3. 천식, 관절염 등의 치료를 위해 스테로이드 계열의 약을 6개월 이상 복용한 적이 있는가?

4. 키가 4센티미터 이상 줄었는가?

5. 저체중인가?

6. 갑상선 질환을 앓고 있는가?

7. 45세 이전에 폐경을 경험했는가?

* 위 항목은 국제골다공증협회가 골다공증 위험도를 측정하기 위해 제시한 질문이다. 이중 하나라도 해당되면 골다공증 위험 요소를 가지고 있는 것이니 정기적으로 골다공증 검사를 해야 한다.

모든 사람에게는 내적 치료 능력이 있다. 누구나 자신의 몸에 의사가 있다. —슈바이처

숲에서 가꾸는 신체 건강 나이

이제는 주민등록상의 나이가 별 의미가 없다. 생년월일보다는 신체 건강 나이가 얼마인지가 더 중요한 시대다. 고령화 시대로 접어들면서 실제 나이보다 훨씬 더 젊게 사는 '슬로 에이징(slow aging)'이 부각되고 있다. 어떻게 살면 자신의 나이보다 더 젊게 살 수 있을까? 생활 습관을 조금만 바꾸고 스트레스를 줄이면 노화 속도가 느려져 즐거운 인생을 살 수 있다고 의학자들은 말한다.

숲은 우리의 생활 습관을 바꾸고, 스트레스를 해소하며, 즐겁게 살아갈 수 있도록 해준다. 그래서 우리의 신체 나이를 젊게 만든다.

마흔 살이 넘으면 자신의 건강 계획표를 세우고 그 계획을 실천하며 살아야 한다. 고령화 시대에 걸맞은 건강 생활 전략은 조금만 생활 습관을 바꿔도 가능하지만 그것은 가히 혁명이라고 할 만큼 치밀한 계획과 강한 의지가 필요하다. 미국 하버드대학의 새들러 박사는 한 사람의 인생을 크게 네 단계로 구분했다. 학습하면서 기본적으로 성장하는 20대 초반까지를 제1연령기, 일과 가정에 매여 사회적으로 정착하는 40대까지를 제2연령기, 그리고 40대 이후부터 70대까지를 제3연령기, 70대 이후를 제4연령기로 나눈 것이다. 특히 그는 사회적 상실감을 겪는 제3연령기를 중요시했다. 이 시기에는 정신적으로 성숙하고 사회적으로 안정되기 위해 자신의 정체성을 확립하고, 일과 여가 활동이 조화를 이루도록 노력해야 한다고 충고하고 있다.

제3연령기는 인생의 쇠퇴기가 아니라 2차 성장을 겪으며 자아를 실현해 나가는 시기이다. 심리학자 매슬로는 자아실현을 '자신의 잠재성을 표출하려는, 인간이 가진 가장 상위의 욕구'라고 정의한다. 따라서 40대 이후 제3연령기를 알차게, 자아를 실현하며 보내려면 몸과 마음의 건강은 필수이다. 그래서 새들러는 제3연령기에 새롭게 성장하기 위해 중년의 정체성을 확립하고 일과 여가 활동을 조화롭게 하라고 조언한 것이다.

제3연령기를 슬기롭게 사는 방법은 병에 시달리지 않으면서 폐경기 또는 갱년기를 준비하고, 은퇴에 대비하여 여가 활동이나 경제적 조건을 마련하는 일이다. 그러기 위해서는 건강과 재정에 대한 계획표가 필요하다. 그런데 많은 사람이 노후의 경제 대책은 고민하면서도 건강에 대해서는 소홀하다. 그러나 건강을 잃으면 모든 것을 다 잃는다. 따라서 어떻게 건강을 지킬 것인가를 구체화해서 실천하는 노력이 필요하다. 신체 건강 나이를 가꾸려면 지혜와 전략을 바탕으로 한 실천이 필요하다. 생리적으로 35세 이후가 되면 10년마다 심장과 신장 기능, 골량, 근육량 등이 5퍼센트씩 감소하면서 노화되기 때문이다.

숲을 이용하면서 신체 나이를 가꾸는 일은 누구나 의지만 있으면 실천할 수 있는 아주 손쉬운 방법이다. 젊었을 때는 다른 여러 가지 운동에 심취했다가 나이가 들면서 숲과 산을 찾는 사람들이 주위에 많다. 그만큼 숲과 산은 경제적으로나 다른 측면에서도 아주 효과적인 운동이며 여가 활동이다. 특히 숲이 노화 방지와 신체 나이를 가꾸는 데 좋은 것은 육체적 · 심리적인 건강을 가져다줄 뿐만 아니라 사회적으로도 건강한 관계를 유지시켜 주기 때문이다. 숲에는 어느 누구와도 같이 갈 수 있고, 그곳에서 마음을 터놓고 서로의 감정을 교감할 수 있다. 평소 할 수 없었던 말도 숲에서는 진솔하게 할 수 있다. 같이 숲을 찾으며 교감을 나눌 수 있는 친구나 가족이 있다는 것은 나이가 들수록 더욱 행복한 일이다. 인간은 사회적인 존재이므로 사회적인 네트워크가 잘 작용해야만 건강한 삶을 살 수 있다. 노년이 될수록 이런 사회적 교류는 더욱 중요한 건강과 행복의 요인이 된다.

숲이 노년의 건강을 보장하고 사회적 네트워크 장소로서 역할을 한다는 것은 여러 연구 결과에서도 잘 나타난다. 미국의 한 연구에 따르면, 숲이 있는 양로원의 노인들이 숲이 없는 양로원에 살고 있는 노인들보다 병원에 가는 횟수가 적었고 수명도 더 길었다. 숲 때문에 노인들이 자연스럽게 운동을 하면서 사회적으로도 활발하게 교류해 보다 건강해졌다는 것이 연구진의 주장이다.

또한 숲에서 걷기와 같은 운동을 꾸준히 하면 갱년기 증상도 예방할 수 있다는 연구 결과도 있다. 40대 이상의 남성에게서 노화로 인해 나타나는 테스토스테론과 같은 성 호르몬 감소가 늦춰졌다는 것이다. 성욕을 좌우하는 테스토스테론, 행복을 주는 세로토닌과 엔도르핀 같은 호르몬은 나이가 들면서 잘 분비되지 않지만 숲의 환경적인 요인이 이들의 분비를 촉진시킨다. 예를 들어 숲에서 한껏 받을 수 있는 햇살, 숲 속의 비타민인 음이온, 나무와 식물이 내뿜는 건강 물질인 피톤치드 등이 몸과 마음을 자극해 호르몬 분비를 촉진시켜 갱년기를 늦춘다는 것이다.

이제 숲이 노화를 방지하고, 제3연령기를 더 찬란하게 빛낸다는 사실을 알았으니 당장 실천하자. 매일 음식으로 우리 몸을 살찌우듯이 운동화나 등산화 끈을 조이고 숲을 찾아 마음에도 살을 찌우자. 친구와 함께 숲을 찾는다면 그보다 더 행복한 일이 어디 있겠는가. 친구, 가족 그리고 숲이 있는데 더 무엇을 바라겠는가.

건강 나이 자가 측정

1. 식생활 (모두 해당하면 −4, 셋이나 둘만 해당하면 −2, 모두 해당 없으면 +4)

① 항상 싱겁게 먹는다.

② 신선한 과일이나 채소를 매주 5회 이상 먹는다.

③ 검게 태운 음식을 먹지 않는다.

④ 식사를 규칙적으로 한다.

2. 비만도

① 표준 체중(이상 체중의 90~100%) (-1)

② 과체중 또는 저체중(이상 체중의 110~119%, 혹은 80~89%) (+1)

③ 비만 또는 심한 저체중(이상 체중의 120% 이상, 혹은 80% 미만) (+4)

※ 이상 체중 = {키(cm)-100} × 0.9

3. 직업의 위험도

① 일이 위험하지 않다. (-1)

② 일이 약간 위험하다. (-1)

③ 일이 위험하고 사고 가능성이 항상 있다. (+2)

4. 음주

① 전혀 마시지 않는다. (0)

② 매주 2회 이하이고 한 번에 소주 반 병 이하 (-1)

③ 매주 2회 이상이고 한 번에 소주 한 병 이상 (+3)

④ ②와 ③ 사이 (+1)

5. 연간 여행 거리

① 서울－부산 거리의 10배 이하 (-1)

② 서울－부산 거리의 10배 이상 (+1)

③ 서울－부산 거리의 20배 이상 (+2)

6. 운동

① 매주 3회 이상 (-2)

② ①과 ③ 사이 (0)

③ 운동을 전혀 하지 않거나 월 3회 미만 (+2)

7. 건강 검진

① 2년에 1회 이상 건강 검진을 받는다. (-2)

② 전혀 건강 검진을 받지 않는다. (+2)

③ ①와 ②의 중간 (0)

8. 스트레스

(지난 한 달 동안의 스트레스 정도를 범위로) 1개 이상은 -2, 2개는 0, 3개는 +2

① 정신적 · 육체적으로 감당하기 힘든 어려움을 여러 번 겪었다.

② 나 자신의 삶의 방식대로 살려다가 좌절을 느낀 적이 여러 번 있다.

③ 인간의 기본적인 욕구도 충족되지 않는다고 느낀 적이 여러 번 있다.

④ 미래에 대해 불확실하다고 느낀 적이 여러 번 있다.

⑤ 할 일이 너무 많아 때로는 중요한 일을 잊기도 하고, 할 수 없을 때도 있었다.

9. 흡연

① 전혀 피운 적이 없거나 10년 전에 끊었다. (0)

② 5년 전에 끊었다. (+0.5)

③ 1개월~5년 사이에 끊었다. (+1)

④ 현재 담배를 피우고 있다. (+5)

10. 운전과 안전 습관

① 안전 벨트를 항상 착용하고, 무슨 일을 할 때마다 안전에 주의한다. (-1)

② ①의 질문 중 한 가지만 해당한다. (0)

③ ①의 질문 중 모두 해당하지 않는다. (+1)

11. B형 간염 환자이거나 바이러스 보균자

① 그렇다. (+3)

② 아니다. (0)

③ 모른다. (+1)

＊ 각 질문에서 받은 점수를 합해 자신의 실제 나이와 더한 것이 현재 나의 건강 나이에 해당한다. 수치가 적을수록 건강하다. 이 질문지는 인제대 서울백병원 가정의학과 김철환 교수가 미국의 자료와 한국인의 질병 발생률을 참조해 만든 건강 나이 측정법이다.

인간은 세월과 더불어 늙어 가는 것이 아니다. 인간은 꿈을 잃을 때 늙는다. 세월이 흐름에 따라 얼굴에는 주름살이 늘게 되지만, 이 세상 일에 관심을 잃지 않으면 마음에는 주름살이 생기지 않는다. — 맥아더

천연 비아그라, 숲

터놓고 이야기하기 쑥스럽지만 많은 사람이 성에 관한 문제로 고민한다. 그중 남성들에게 가장 심각한 고민거리는 발기력 상실이다. 그래서 "무엇이 정력에 좋다더라." 하면 혐오스러울 만큼 집착하는 게 우리네 중년 남성들의 모습이다.

사실 올바른 성생활은 건강뿐만 아니라 우리 삶을 활력 있고 행복하게 만드는 중요한 요인 중 하나이다. 최근 연구에 따르면 일주일에 2회 이상 성생활을 하는 사람은 그렇지 않은 사람보다 약 1.6배 젊게 산다고 한다.

또한 울산대 의과대학 연구팀에 따르면 우리나라 미혼자는 기혼자에 비해 사망률이 6배나 높은 것으로 나타났다. 이는 외국 사례에서도 비슷한 수치를 보여준다. 다른 여러 가지 요인도 있겠지만 부부간의 성생활이 사람을 더 장수하게 만든다는 가설을 입증할 만한 연구 결과이다.

건강한 사람일수록 더 자주, 그리고 나이가 들어서도 성생활을 즐긴다는 것은 사실이다. 성의학자들은 건강하기 때문에 성생활을 즐기는 것이 아니라 성생활이 사람들을 건강하게 만든다고 주장한다. 왜 성생활이 사람들을 건강하게 할까? 먼저 섹스는 강력한 운동 효과를 준다. 10분 정도의 섹스에 소모되는 열량은 90칼로리로, 조깅이나 농구처럼 격렬한 운동을 했을 때와 비슷한 수준이다. 또한 이 열량은 100미터를 전력 질주했을 때와 비슷한 운동 효과를 줌으로써 심장을 튼튼히 해주고, 심폐 기능도 높여 혈압을 떨어뜨린다.

또한 섹스에 몰두할 때 분비되는 호르몬도 건강에 도움을 준다는 것이 전문가들의 견해이다. 섹스할 때 분비되는 성장 호르몬은 체지방을 줄이고 근육을 강화시키며, 오르가즘에 도달했을 때에는 노화 방지 호르몬 중 하나인 DHEA의 혈중 농도가 평소보다 5배 이상 많아진다. 또한 엔도르핀과 옥시토신이 분비되어 강력한 진통 효과뿐만 아니라 극치의 행복감도 느끼게 해준다. 섹스는 면역 글로불린 A의 분비량을 증가시켜 각종 질환에 대한 면역력을 높일 뿐만 아니라, 백혈구 내에서 암세포를 죽이는 T림프구를 생성시켜 암 치료도 돕는다. 여성 호르몬인 에스트로겐과 남성 호르몬인 테스토스테론도 섹스할 때 더 많이 분비되는데, 이로 인해 골다공증 예방은 물론 뼈와 근육도 발달한다.

섹스는 부교감신경을 자극해 정신적인 안정감을 주어 우울증을 완화시키고, 숙면을 취하게 한다. 정액에 함유된 각종 물질이 여성의 질을 통해 몸에 흡수되어 여성의 우울증이 감소한다는 연구 결과가 미국 뉴욕 주립대에서 발표되기도 하였다. 남성에게도 섹스는 정액을 정체시키지 않고 배출하여 전립선암에 걸릴 확률을 줄인다고 한다. 그뿐만이 아니다. 쾌감에 반응하는 뇌 부위와 식욕에 반응하는 부위는 겹쳐 있는데, 섹스로 인해 쾌감이 고조되면서 불필요한 식욕이 억제되어 다이어트에도 효과가 있다고 한다.

이렇게 본다면 섹스는 정말 신비한 만병통치약이다. 육체적인 건강뿐만 아니라 정신적·심리적으로도 안정되고 행복한 삶을 위해 꼭 필요한 것이다. 그런데 나이가 들면서 이런 성 기능 장애, 특히 발기부전이 문제가 된다. 따라서 마음은 있는데 몸이 말을 듣지 않는 답답한 상황에 직면하게 되면 말 못할 고민에 빠지고 자존심에 크게 상처를 입는다. 그런데 바로 숲이 그 해결의 열쇠이다. 왜 그럴까?

먼저 숲을 꾸준히 이용하면 비만, 특히 복부 비만이 없어지는데, 이 효과가 성 에너지를 높여 준다. 복부 비만은 체형에도 좋지 않은 영향을 주지만 더욱 안 좋은 것은 장을 압박하고 기능을 저하시켜, 혈액순환에 지장을 준다는 것이다. 남성의 성기가 발기하는 것은 성기의 해면 조직에 혈액이 공급되어 단단하게 채우기 때문이다. 그런데 혈액이 제대로 흐르지 못하면 당연히 발기가 될 수 없다. 따라서 근본적인 정력 강화는 복부 비만을 줄이는 것이다. 여성의 경우도 복부 비만은 장 기능 저하를 가져오고, 자궁을 압박해 각종 자궁 질환을 일으킨다. 숲에서 운동을 하여 복부 비만을 해결하면 남녀를 불문하고 성 기능을 강화할 뿐만 아니라 섹스의 쾌감도 높여주어 행복한 성생활을 즐기게 한다.

숲에서의 활동은 유산소 운동이다. 숲에서 걷기나 등산 같은 활동은 평소보다 최소한 5배 이상의 산소를 요구한다. 따라서 숲의 질 좋은 산소를 공급받는 유산소 운동은 발기에서 가장 중요한 역할을 하는 혈관을 유연하고 튼튼하게 해주며, 심폐 기능도 확대시킨다. 또한 숲의 산소는 몸속으로 들어가 혈관 확장을 도와주는 물질인 산화질소의 분비를 촉진시켜 천연 비아그라 역할도 한다.

섹스도 다른 운동과 마찬가지로 기초 체력이 뒷받침되어야 한다. 숲을 꾸준히 이용하면 기본적인 체력 보강은 물론 심폐 기능이 강화되어 성 기능이 향상된다. 예를 들어 숲의 오르막길은 혈압과 호흡, 맥박을 증가시켜 섹스할 때 필요한 심폐 기능을 단련시킨다. 또한 숲의 여러 지형을 걸으면 복근과 함께 등 근육도 키울 수 있다. 이렇게 강화된 근력은 허리로 이어져 섹스시 필요한 피스톤 운동을 유연하게 할 수 있도록 돕는다.

또한 스트레스는 다른 질병의 원인이 되기도 하지만 성욕을 떨어뜨리는 가장 강력한 주범이다. 생리적으로도 스트레스는 혈관을 수축시켜 발기를 저해시킨다. 따라서 스트레스를 해소시키면 성욕도 살아날뿐더러 발기도 잘 된다. 스트레스를 해소하는 가장 적합한 장소는 숲이다. 숲의 여러 가지 물질이 생리적으로 안정과 평온을 주는 엔도르핀과 같은 호르몬을 분비시켜 유쾌한 기분과 즐거운 감정을 갖게 해주면서 스트레스가 해소된다. 그러면 우리 내면에서 리비도(libido)가 활성화되어 성욕이 일어난다.

숲의 지형은 평지와 달리 울퉁불퉁하다. 돌과 나무 뿌리가 있고, 움푹 파인 곳도 있다. 이런 숲길을 걷다 보면 자연스럽게 발바닥이 자극된다. 그러면 자율신경이 자극받고, 이것이 뇌에 전달되어 성욕이 높아진다. 또한 숲의 평지에서 맨발로 걸으면 이러한 과정이 심화되어 성 기능이 활성화된다는 것이 전문가들의 주장이다.

임산부에게 좋은 산림욕 효과

"임신 중에 산림욕이 좋은가?" 묻는 질문을 많이 받는다. 정답은 "그렇다"이다. 적당히 산책하고 운동할 수 있는 산림욕은 여러 면에서 임산부에게 이롭다. 연구 결과들을 요약해 보면 다음과 같은 이점이 있다.

자연스런 몸매 관리, 원활한 혈액순환, 소화 촉진, 인내력 강화, 긍정적인 기분 전환, 산후 조리, 자존감 회복, 심리적인 만족감, 체력 단련.

이외에도 산림욕은 임산부에게 요통, 다리 저림, 변비, 근육 팽창 등과 같은 증상을 없애 준다고 한다.

건강한 성, 숲 속의 케겔 운동

케겔 운동은 미국의 산부인과 의사 케겔 박사가 제안한 요실금 치료 운동 방법이다. 그런데 최근 케겔 운동이 여성뿐만 아니라 남성들의 발기력을 높여 준다는 연구가 영국에서 발표되었다. 영국 웨스트잉글랜드대학 연구팀은 6개월 이상 발기부전을 겪고 있는 남성 55명을 대상으로 매주 5회씩 케겔 운동을 하게 한 뒤 3개월 후 발기 기능을 평가했다. 그 결과 40퍼센트가 발기 기능을 정상적으로 회복했고, 35퍼센트는 발기 기능이 개선되었다고 한다.

케겔 운동의 원리는 인체의 해부학적 특성을 이용해 괄약근의 신축성을 활성화시키는 것이다. 골반 아래쪽에 모여 있는 괄약근은 한 장의 막같이 연결되어 있다. 따라서 항문 괄약근을 조이면 동시에 요도 괄약근도 조여지는 원리를 이용해 남성에게도 뛰어난 효과를 얻을 수 있다.

운동 방법

먼저 숨을 들이마셨다가 잠시 숨을 멈추고 항문 주위를 10초 동안 수축한 다음, 숨을 내쉬면서 10~15초간 이완한다. 10초 동안 수축하는 것이 힘들면 처음에는 3초간 수축하고 3초간 이완하는 짧은 케겔 운동을 먼저 시작하는 것도 좋다. 하루에 15회 정도 꾸준히 반복하면 곧 효과가 나타난다. 숲길을 걸으면서도 케겔 운동을 응용할 수 있다. 발걸음을 뗄 때마다 항문 괄약근을 수축하는 운동을 하면 자연스럽게 케겔 운동 효과를 볼 수 있다.

몸을 움직이고 열심히 활동하는 것이 건강을 만들어 낸다. 건강
은 사람을 돌아다니게 한다. —루터

아토피,
숲에서 치료한다

대표적인 환경 질환인 아토피. 환자나 그 가족들이 아니면 차마 그 고통을
이해할 수 없다. 아토피의 괴로움에서 벗어나지 못해 자살했거나 자녀의
아토피를 참다 못해 자연환경이 좋은 외국으로 이민을 떠났다는 사람들 이
야기는 주변에 흔하다. 아토피는 이제 우리나라에서도 가장 흔한 피부 질
환이다. 최근 통계에 따르면 4세 미만 유아의 아토피 발병률은 40~70퍼센
트이고, 초등학생의 경우도 22퍼센트나 된다고 하니 이보다 더 심각한 질
병이 어디 있을까. 더구나 아토피가 심해지면 좌절, 분노, 불안과 같은 정

신 질환까지도 유발된다니 말이다. 핀란드에서 보고된 연구에 따르면 아토피가 심한 환자의 20퍼센트 정도가 자살 충동을 느낀다고 한다. 아토피는 영유아에서 나타나 15세 이전에 사라지거나 약해지는 것으로 알려졌는데 최근에는 성인에게도 느닷없이 나타나 사회적 문제로까지 부각되고 있다.

이런 심각성에도 불구하고 아토피의 원인은 현재까지 정확하게 밝혀지지 않고 있다. 옛날에는 엄마 뱃속의 태열로 인한 질병으로 간주되었으나 성인 발병률이 높아진 요즘에는 유전적인 것보다는 환경적인 요인 때문에 발병되는 질병으로 의심받고 있다. 아토피를 일으키는 환경적인 요인으로는 자극적인 음식물, 가공 식품에 함유된 첨가제나 방부제, 새집증후군의 주범인 각종 유해 화학물질, 집먼지진드기, 애집개미, 먼지 등이 거론되고 있다.

아직 학술적으로 보고되지는 않았지만 숲의 청정하고 쾌적한 환경이 아토피를 치유했다는 사례들이 언론이나 입소문으로 알려져 있다. 한 예로 2005년 11월 MBC에서 방송된 〈숲의 신비 피톤치드〉라는 프로그램에서는 아토피로 고생하는 어린이 3명을 7개월간 집중 취재하여 산림욕과 자연 친화적 생활이 아토피 치료에 큰 역할을 했음을 보여주었다. 화학물질로 뒤덮인 장판과 벽지를 친환경 나무 소재로 바꾸고 여름방학을 숲에서 보내게 한 후에 살펴보니, 별 수단과 방법을 다 써 보아도 호전되지 않았던 증상이 눈에 띄게 달라졌던 것이다. 차마 눈뜨고 볼 수 없을 정도로 온몸이 진물과 딱지 투성이였고 밤새 가려움에 잠을 못 자는 아이를 안고 자살까지 결심했다던 출연자 중 한 아이의 엄마는 행복을 되찾은 모습이었다. 프로그램 방영 후 제작자 윤동혁 PD를 직접 만나 이야기를 나눌 기회가 있었다. 이때 윤 PD의 확신에 찬, 숲의 아토피 치유 효과에 대한 이야기를 들으며 다시 한 번 숲의 치유력을 믿게 되었다.

왜 숲은 현대의 첨단 의술과 약으로도 치료하지 못하는 아토피를 없애 주는 것일까? 두말할 필요 없이 숲은 아토피의 원인인 여러 가지 나쁜 환경 요인을 차단시켜 주기 때문이다. 우선 가장 일반적으로 숲 속의 공기는 깨끗하다. 숲 속의 공기 질은 우리가 살고 있는 도시의 것보다 엄청나게 깨끗하다. 공기 1리터에 들어 있는 먼지 수를 조사했더니 도심지에서는 약 10만~40만 개가 발견되었지만 숲에서는 수천 개에 불과했다고 한다. 숲에 있는 나뭇잎과 나뭇가지, 풀 등이 먼지를 걸러 주고, 광합성 작용으로 깨끗한 산소도 바로 생산되기 때문이다.

숲 속에는 아토피를 일으키는 집먼지진드기가 없고, 또 있다고 하더라도 '숲 속의 보약'이라는 피톤치드가 이 진드기를 죽이는 탁월한 효능을 가지고 있다는 사실이 많은 실험을 통해 밝혀졌다. 비단 집먼지진드기뿐이랴. 피톤치드는 기타 수많은 유해균을 죽인다. 한 실험 결과에 따르면 편백나무에서 추출한 물질을 5퍼센트로 희석시켜 황색포도상구균, 메티실린 내성 황색포도구균, 리스테리아균, 레지오넬라균, 캔디다균, 살모넬라균 등에 실험해 보았더니 대부분 살균되었다고 한다. 또한 새집증후군의 주요 원인인 포름알데히드 성분을 제거하는 데도 피톤치드가 탁월한 효과를 나타냈다.

또 한 가지 최근에 밝혀진 연구에 따르면, 숲 속의 흙에는 '지오스민

숲의 *깨끗한* 공기는
현대 문명의 환경질병인 아토피의 *고통*마저 덜어 준다.

(Geosmin)'이라는 자연 항암제와 항생제, 항진균제 성분이 함유돼 있다고 한다. 숲에 들어서면 맡을 수 있는 독특한 흙냄새의 주성분이 바로 지오스민인데 흙 속에 사는 방선균이 만들어 방출하는 것이다. 지오스민도 아토피를 유발하는 진균을 죽이는 효과가 있다. 아울러 숲에서는 혈액순환이 활발해지고 면역력이 높아지며 피부 세포도 건강해져 아토피와 맞서 싸워 이기는 힘을 기를 수 있다.

아토피, 이제 그 고통을 숲에서 해결하자. 어느 질병이나 마찬가지이지만 특히 아토피는 그 원인을 없애야 고칠 수 있다. 약이나 다른 방법들은 잠깐 증세를 약화시킬 뿐 완전히 치료하지는 못한다. 숲에서 깨끗한 공기와 건강 물질을 피부로 자연스럽게 흡입해 참을 수 없는 아토피 고통에서 헤어나자.

숲의 아토피 치유 효과가 알려지면서 여러 단체나 기관에서 '아토피 치유를 위한 숲 캠프'를 실시하고 있다. 그러나 한 가지 명심할 점은, 마치 연고를 바르듯 한두 번 숲을 찾는 것으로 아토피가 치유되리라는 희망을 갖는 것은 금물이다. 숲에서 치유력을 경험하기까지 꾸준히 숲을 찾아야 한다. 그러기 위해서는 숲을 가까이 하고 숲과 지낼 수 있는 시간을 투자해야 한다. 아무것도 없는 보자기에서 갑자기 비둘기가 나오는 것은 마술일 뿐이다.

아토피 치료를 돕는 실내 식물 키우기

아토피를 비롯한 피부나 호흡기 질환 등은 우리가 오래 머무르면서 생활하는 실내 공기의 질에 영향을 받는다. 그래서 가능한 한 자주 공기를 환기시키고 집안 먼지를 없애 주는 등 실내 공기를 깨끗이 하는 것이 중요하다. 또 한 가지 효과적인 방법은 자연을 집 안으로 들여오는 것이다. 실내에서 식물을 키움으로써 숲의 공기와 정취를 집 안으로 가져올 수 있다.

실내 식물은 새집증후군의 주범인 포름알데히드를 제거하고 항균 작용을 하는 피톤치드를 발산해 실내 공기를 청정하게 만든다. 또 집 안에서도 숲의 아름다운 정취를 맛보게 함으로써 심리적 안정도 준다.

농촌진흥청 원예연구소가 추천한, 실내에서 키우기 적합한 식물들을 소개한다. 공기를 잘 정화하는 식물의 특성은 잎이 크고 많으며, 실내에서 관리하기 편하다는 것이다. 식물 수는 실내 공간의 5퍼센트 이상을 차지하는 것이 좋다.

거실에서 키우기 좋은 팔손이나무 · 아레카야자

팔손이나무는 빛이 있어야 잘 자라므로 햇빛이 잘 드는 거실 창가에 배치한다. 미세 먼지와 매연을 제거하는 음이온을 대량 방출하며, 새집증후군

아레카야자 왼쪽
팔손이나무 오른쪽

185

의 주원인인 페인트나 벽지, 혹은 새가구 등에서 나오는 포름알데히드를 제거하는 효과도 우수하다. 빛이 잘 들지 않는 거실이라면 휘발성 유해 물질 제거력이 우수하면서도 음지에서도 잘 자라는 아레카야자가 좋다. 아레카야자는 퀴퀴한 냄새나 담배 연기 등 각종 냄새 제거에도 효과적이다. 습도를 조절하는 기능도 뛰어나 건조한 실내에도 알맞다.

침실에서 키우기 좋은 호접란

자일렌 등 유해 화학물질을 제거하는 호접란은 아늑한 실내에 잘 어울린다. 특히 밤에 동화작용이 활발해 이산화탄소는 흡수하고 산소는 다량 배출하므로 침실에 두면 좋다. 낮에는 커튼을 쳐 직사광선을 쐬지 않도록 한다.

호접란

화장실에서 키우기 좋은 관음죽

관음죽은 암모니아와 클로로포름 제거 능력이 우수할 뿐 아니라 병·해충에 강하고 음지의 실내에서도 잘 견디므로 화장실에 두면 좋다. 일반 식물과 달리 흙이 완전히 마르기 전 약간 축축한 상태일 때 물을 준다.

관음죽

*〈경향신문〉 2007년 1월 11일 기사 참조.

건강이라 할지라도 사람이 그것을 올바른 일을 위해서 쓰지 않는다면 무슨 가치가 있을까? 건강은 그것을 올바르게 이용하지 않는 사람에게는 오래 머물러 있지 않는다. ─힐티

숲에서
암을 이긴다

암은 인류에게 가장 치명적인 질병이다. 우리에게 가장 익숙한 병이지만 아직까지 우리는 암의 공포에서 벗어나지 못하고 있다. 암이란 비정상적인 세포가 증가해서 다른 세포들이 정상적으로 기능하지 못하게 하는 것이다. 암은 남녀노소를 구별하지 않고 무차별로 공격한다.

　암의 심각성은 설령 조기에 발견해 수술로 암세포를 제거했다고 하더라도 다시 재발할 가능성이 있으며, 항암제의 치료율도 15~20퍼센트 정도로 아주 낮다는 데 있다.

암은 어떻게 걸릴까? 그 원인은 아직 정확하게 규명되지 않았다. 전문가들은 유전적·내외적 요인 때문일 것이라고 추측하고 있다. 유전적인 요인은 원래부터 암에 걸릴 요인을 타고났다는 것으로, 가족 중 암에 걸린 사람이 있다면 특히 조심해야 한다는 것이다. 외적 요인은 음식, 흡연, 엑스레이나 전자파 등 암 유발 물질에 노출되어 발병했다고 보는 것이다. 내적 요인은 스트레스 등으로 생리적 면역력이 약해지고 비정상적인 호르몬 등이 세포에 자극을 주어 세포가 비정상으로 분화했다고 보는 견해이다.

암을 효과적으로 예방하는 길은 히포크라테스의 명언대로 인간이 가진 자연 치유력을 잘 활용하는 것이다. 숲에서 적당히 운동하고 마음의 평안과 휴식을 얻는다면, 체력 저하도 막고 저항력도 높여 암에 걸릴 확률을 줄일 수 있을 것이다.

숲이 왜 암을 예방하고 치료하는 데 도움이 되는지 살펴보자. 모든 병은 우리 몸의 면역력이 약해져 생긴다. 면역은 외부의 적으로부터 우리 몸을 보호해 주는 방어작용인데, 이 임무는 주로 백혈구 안에 있는 림프구가 한다. 림프구는 기능에 따라 B림프구와 T림프구로 나뉘는데, B림프구는 항원의 자극을 받아 항체를 생성하는 체액성 면역에 중요한 작용을 하고, T림프구는 주로 세포성 면역에 관여해 암과 같은 질병에 면역 반응을 한다. 이외에도 NK세포(natural killer cell)가 있는데, 이 세포는 병균에 감염된 세포나 암세포를 직접 공격하여 제거하는 역할을 한다. 이 NK세포 덕분에 우리 몸에 약간의 암세포가 있어도 암으로 발병하지 않는 것이다.

그렇다면 암의 치료에도 NK세포를 이용하면 효과적이지 않을까? 그래서 최근에는 NK세포 면역 요법이 암 치료뿐만 아니라 신경 질환, 갱년기 증후군, 당뇨, 소화기 질환 등 다양한 질병 치료에 적용되고 있다. 이 치료법은 환자의 혈액을 채취해 그 안에 있는 NK세포를 증식시킨 후 다시 환자의 몸에 투입시켜 암세포의 발생과 증식, 전이를 억제시키는 방법이다.

숲은 바로 이 NK세포를 증가시키고 활성화시킨다. 최근 일본 임야청의 미야자키 박사가 수행한 실험 결과를 보자. 피곤에 지친 도시의 직장인을 대상으로 일정 기간 산림욕을 하게 한 후 NK세포 수의 변화를 조사하였더니 그 수가 점점 증가하였다고 한다. 아래 그래프가 그 결과이다.

숲에서 왜 NK세포가 증가하며 활성화될까? 아마도 걷기와 등산 같은 몸의 움직임이 유산소 운동 효과를 주고, 숲의 풍부한 산소와 공기, 피톤치드 등이 사람의 생리적 반응을 활성화시켰기 때문일 것이다. 숲에 들어가면 자신에게 알맞은 운동이 저절로 된다. 숲길을 걷거나 산을 올라야 하기 때문이다. 이런 활동은 누가 억지로 시키지 않기 때문에 자기 능력에 맞는 적

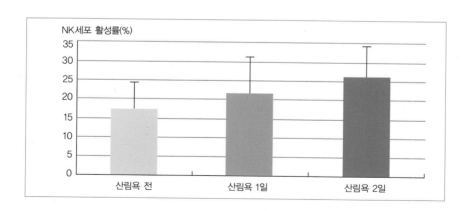

당하고 재미있는 운동을 스스로 하게 한다. 운동생리학자들은 이러한 적당한 운동이 인체 저항력을 높여 NK세포를 증가시키므로, 암을 60퍼센트 이상 예방할 수 있다고 주장한다.

여러 연구로 숲의 운동 효과는 꾸준히 증명되어 왔다. 매일 꾸준히 하는 운동은 암의 최대 적인 스트레스를 해소시키고, 혈액순환을 좋게 하여 노폐물과 독소를 땀으로 배출시킨다. 또한 위장 운동을 촉진시켜 소화와 흡수도 도와준다. 이런 효과들이 심리적·생리적 면역력을 증가시켜 암을 예방하고 치료한다는 것이다. 앞서 말했듯이 항암제를 통한 치료율이 20퍼센트 미만이라는 임상연구 결과에 비추어 보면 놀랄 만한 수준이다.

숲 속의 산소와 음이온, 피톤치드 같은 건강 물질은 세포에 산소를 충분히 공급해 주고 세포 기능도 활성화시켜 저항력을 높인다. 그래서 암세포 공격에도 든든히 맞설 수 있는 것이다. 숲이 주는 심리적, 정신적 효과도 암 예방과 치료에 도움이 된다. 암의 발병과 치료는 환자들에게 많은 정신적 타격을 주고 삶의 질을 훼손시킨다. 그러므로 숲에서 얻는 심리적인 안정, 삶의 질 향상은 암 치료에 매우 긍정적인 역할을 할 수 있다. 연구에 따르면 암 환자의 심리적 안정은 신체 기능을 활성화시켜, 편안히 잠자게 하고 피로감도 덜어 준다고 한다. 일본에서는 움직일 수 없는 말기 암 환자들에게 비디오로 가상 숲 체험을 하게 했더니 환자들이 덜 고통스러워하고 더 행복해 했다는 연구 결과도 발표되었다. 다른 여러 질병과 마찬가지로 암도 과중한 심리적 스트레스와 잘못된 생활 습관에서 비롯된다. 숲은 이런 발병 요인을 제거하는 최적의 장소이다.

숲에서 즐겁고 효과적으로 운동하기

숲은 다양한 자극거리와 지형으로 재미있게 운동할 수 있는 천연의 헬스 클럽이다. 먼저 자신의 체력과 시간적인 여유에 맞는 장소를 선택해 운동할 수 있게 한다. 체력이 약하거나 시간이 많지 않다면 동네 근처의 낮은 산이나 공원에 갈 수 있고, 시간과 체력이 허락하면 높은 산에 도전할 수도 있다.

숲이나 산에서는 절대 무리해선 안 된다. 무조건 정상만을 향해 오르는 것은 좋지 않다. 숲에는 재미있고 흥미로운 자극이 무궁무진하다. 아름다운 꽃, 곤충, 야생동물, 향긋한 냄새, 심지어 이마를 스치는 미풍에 이르기까지…. 이 모든 것을 음미하고 교류하는 산행이 이상적이다. 무리하지 말고 숲의 아름다움을 관찰하며 산행을 하자.

숲에는 오르막과 내리막, 평지가 있다. 오르막길을 오를 땐 작은 보폭으로 천천히 걸어서 체력 소모를 줄인다. 내리막길에선 몸을 약간 앞으로 굽힌 자세로 신발 바닥 전체로 지면을 누르듯이 걷는다. 내리막이 편하다고 뛰거나 빨리 걸으면 발목과 무릎에 부담이 올 뿐만 아니라 넘어져서 다칠 위험이 높다.

또 적당히 휴식을 취하는 것도 중요하다. 쉬는 시간과 걷는 시간을 규칙적으로 가지면 편안한 산행이 될 수 있다. 처음에는 자주 휴식을 취하고, 산행이 익숙해지면 1시간 걷고 10분 정도 쉬는 것이 바람직하다.

까닭이 있어 마시고, 까닭이 없어 또 마신다. 그래서 오늘도 마시고 있다. —돈키호테

알코올 중독을 치료하는 숲

한국녹색문화재단에서 수행한 알코올 중독자들의 숲 치유 효과에 대한 연구를 맡아 프로그램을 운영한 적이 있다. 숲 체험이 알코올 중독자의 우울증, 불안감, 자존감에 어떤 영향을 주는지 평가하는 것이 연구의 목표였다. 일반적으로 알코올 중독자가 공통적으로 가지고 있는 뚜렷한 정신적·심리적 문제는 우울증과 불안감, 낮은 자존감 등이기 때문이다.

고백하자면 나는 술을 전혀 마시지 못한다. 어느 술이든 한 잔만 마시면 온몸이 가렵고 얼굴이 달아올라 견딜 수 없다. 몇 번이나 술을 배우기 위해 노력했지만 목에 넘기는 것조차 고통스러워 포기하고 말았다.

사실 술을 전혀 마시지 못하는 내가 알코올 중독자들을 대상으로 연구한다는 것이 한편으로는 호기심이 생겼고, 또 한편으로는 걱정되기도 하였다. 그러나 숲이 사람들 몸과 마음의 치유에 큰 역할을 한다고 믿는 나에게 연구 자체는 참으로 흥미로웠다.

먼저 전국의 26개 알코올 상담센터와 치료 공동체가 선별해 준, 정서적 치유가 필요한 600명의 알코올 중독자를 대상으로 숲 체험 프로그램을 진행했다. 프로그램 목적은 숲과 교감하면서 스스로 자신의 문제를 발견하고 해결 방법을 모색하는 것이었다. 숲 체험 프로그램은 총 세 단계로 진행되었는데, 처음 단계에서는 숲에 익숙해지고 숲과 교감하기 위한 숲 감각 체험을, 2차에서는 도전과 성취를 경험할 수 있는 체험을, 마지막 3차 프로그램에서는 주로 자신을 돌아보고 새롭게 삶을 설계할 수 있는 심리적 프로그램을 진행했다.

결과부터 말하면 이 실험 결과는 매우 성공적이었다. 피실험자들의 우울증과 불안감은 낮아지고, 자존감은 높아졌다.

우울증의 경우 캠프 참가 이전에 15점 이상(우울증 점수인 BDI 점수로 10~15점은 가벼운 우울증에 속함)이었던 것이 3차 프로그램 참여 후 5점(9점 이하는 정상에 속함) 정도로 낮아졌다. 좀 더 구체적으로 살펴보면 이전에는 대상자의 32퍼센트만이 정상 수준이었으나, 참가 후 최종적으로 74퍼센트가 정상 수준을 나타냈다.

불안감 역시 크게 감소했다. 현재 상태나 상황에 따른 불안감을 측정하는

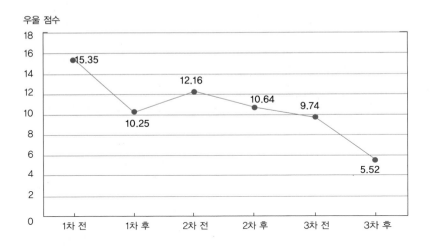

우울 점수

15.35

12.16

10.25

10.64

9.74

5.52

| 1차 전 | 1차 후 | 2차 전 | 2차 후 | 3차 전 | 3차 후 |

'상태 불안'의 경우, 캠프 참가 전에는 58.77점이었지만 사후에는 54.69점으로 약 4점 감소하는 결과가 나타났다. 이는 세 차례의 숲 체험을 마친 후에 체험자가 느끼는 일시적 불안감이 많이 감소하였음을 보여준다. '특성 불안'은 비교적 지속적인 개인의 불안정성을 나타내는데, 쉽게 불안해 하는 경향을 가지고 있는지 그렇지 않은지를 이해하는 데 도움이 된다. 특성 불안의 경우에도 사전에는 58.29점에서, 사후에는 51.84점으로 6점 정도 감소했다. 이는 숲 체험 이후 다른 상황에서도 불안 반응을 나타낼 가능성이 줄어들었음을 의미한다.

자존감도 증가한 것으로 나타났다. 초기 22점 정도이던 자존감이 24점으로 높아졌다. 비록 2점 올랐지만 뜻 깊은 결과이다.

이 연구 결과를 종합하면, 세 차례에 걸친 숲 체험 이후 체험자 대부분이 정서적 안정감을 회복하고 있다고 말할 수 있다. 또한 우울감, 정서적 불안

특성 불안 수준

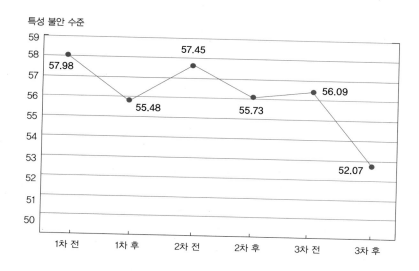

자존감 수준

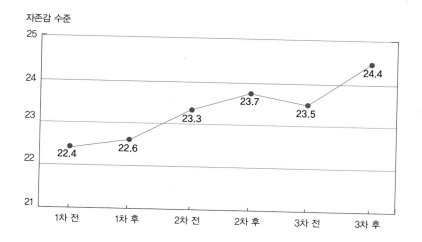

감 등의 회복 결과가 자존감의 긍정적인 변화, 즉 자신을 더 괜찮게 느끼게 하는 데 일조하고 있다고 할 수 있겠다. 이로써 숲이 정서적인 안정감과 여유를 회복시킨다는 것이 뚜렷이 입증되었고, 그 영향으로 자존감이 높아질 가능성도 보여주었다.

그러면 왜 숲이 이런 정서적 치유 효과를 가져왔을까? 그 원인은 크게 세 가지로 구분할 수 있다. 먼저 숲 자체가 갖고 있는 환경적 자극, 숲에서 얻은 적절한 체험, 자연 공간에서 체험자 간에 형성된 사회적 분위기 등이 그것이다.

무엇보다 숲이 주는 환경적 자극은 다른 것으로 대치할 수 없는 요인이다. 숲은 도시에서 볼 수 없는 순수한 자연으로 이루어졌고, 인체의 생리와 오감에 긍정적인 자극을 주는 요소들로 구성되어 있다. 이런 숲의 요소가 체험자들의 심신을 안정시키고 생리적 반응을 활성화시켜 우울과 불안 등을 해소하는 세로토닌 등의 호르몬 분비를 촉진시켰을 것으로 추정된다.

이 연구 결과는 체계적이고 과학적인 방법으로 '숲의 정서적 치유력'을 실증한 국내 최초의 연구 사례이다. 이로써 '숲이 정서적 치유를 하는가?'란 물음에 대한 대답이 가능해졌다고 본다.

5장

숲,
건강을 위한
효율적인 이용

삶의 의미를 쫓는 것에서 벗어나 살아 있음의 희열을 추구하는 것이 행복을 찾는 지름길이다. 삶이란 살아가는 것이고, 살아간 다는 것은 재미를 느끼며 행복할 수 있는 기회를 얻는 것이다.
—김지룡

산림욕의 흥미를 더하는 방법

숲으로 떠나는 건강 여행인 산림욕은 마라톤이나 산 정상을 향해 올라가는 등산과는 성격이 다르다. 산림욕을 할 때는 천천히 자신의 능력에 맞게, 오감을 열고 자연과 동화하면서 숲을 즐기고 숲에서 나오는 건강한 물질을 온몸으로 흡수하여야 한다. 숲에서 아름다움을 느끼고 감동받는 것, 호기심으로 숲의 곤충을 관찰하는 것, 야생동물의 예쁜 몸짓 때문에 즐거워하는 것, 새들이 부르는 노랫소리에 솔깃 귀를 기울이는 것. 이 모두가 건강한 산림욕을 즐기는 방법이다. 스트레스를 받거나 피곤할 때 숲으로 가서 자연에게서 문제의 답을 찾는 것 역시 마음을 건강하게 하는 올바른 산림욕이다.

일상에서는 귀와 눈을 비롯한 모든 감각이 오염돼 있다. 그러나 우리는 이런 사실을 깨닫지 못한 채 살아가고 있다. 어떤 소리가 우리를 평안하게 하고, 또 어떤 소리가 우리를 초조하고 불안하게 하는가? 숲은 현대를 살아가는 우리에게 꼭 필요한 안식처이다. 마음을 운동시키고 살찌우는 운동장이며, 몸과 마음을 정화시키는 수련장이다. 그래서 가능하면 자주 숲에 가서 오염과 여러 문제에 찌든 몸과 마음을 씻어야 한다.

무작정 숲으로 가도 좋지만 좀 더 흥미롭고 알찬 산림욕이 되기 위한 방법은 다양하다. 추천할 만한 방법 몇 가지를 소개하면 다음과 같다.

글로 표현하기

숲은 일상생활 환경과 다르고 자연의 아름다운 요소를 다양하게 가지고 있다. 숲에 들어가면 때론 아름다움과 자연이 주는 감동에 가슴이 벅찰 때가 있다. 이런 감동을 글로 표현해 보자. 글의 형식은 무엇이든 상관없다. 시나 수필, 가족과 친구에게 쓰는 편지라도 좋다. 숲에 갈 때 필기구를 준비해 가서 느낀 것을 기록하자.

우선 산림욕을 즐긴 뒤 마음에 들거나 끌리는 장소를 찾아 앉는다. 그리고 나무와 풀, 야생화, 산새들의 모습 등 주변 풍경을 글로 표현해 본다. 이것이 숲을 감상하는 진정한 방법이며, 숲의 가치를 깨닫는 길이다. 눈앞에 보이는 숲이 우리의 감각과 비전을 새롭게 해줄 것이다.

우리를 흥미와 호기심으로 이끄는 숲.

그림 그리기

숲의 아름다움을 세밀화나 스케치로 표현한다. 야생화를 그려도 좋고, 흐르는 물도 좋다. 관찰한 새로운 숲의 모습을 그림으로 표현해 보자. 그림 그리기는 숲의 사물을 아주 가까이 관찰할 기회를 준다. 그것이 자연에서 기적을 발견하게 해준다. 평소에 관심을 갖지 않았던 야생화의 아름다움에 감탄하게 되고, 땅 위를 기어가는 개미의 부지런함도 새삼 느낄 수 있다. 낙엽을 들어올려 햇빛에 비추어 보라. 수많은 잎맥의 아름다움에 잠시 넋을 잃을 것이다. 이런 아름다움을 놓치지 말고 그려 보자.

사진으로 자연을 찍기

사진은 가장 손쉽게 아름다움을 간직하는 방법이다. 귀여운 다람쥐, 아름다운 야생화, 외경심을 품게 하는 거대한 나무 등을 사진으로 담아 보자. 주제를 정해 일관되게 찍어도 좋다. 어떤 사람은 소나무만 찍어 그 분야에서 전문가가 된 경우도 있다. 찍은 사진들로 작은 전시회를 열면 또 다른 성취감과 행복에 젖을 수 있다.

감각 일깨우기

숲은 세속에 물들지 않은 순수한 것들로 꽉 차 있다. 나무, 풀, 물, 심지어 굴러다니는 돌조각조차도 도시의 것과는 다르다. 또한 보이지는 않지만 느낄 수 있는 것들도 많다. 바람, 물소리, 햇빛…. 이런 모든 것이 숨어 있는 감각을 일깨우는 원천이다. 숲에서 쉬는 동안 주위 모든 것을 자신의 감각으로 느껴 보자. 소리와 냄새를 한껏 느껴 보자. 이것이 몸에 배면 도시 생활에서 잃었던 감각을 되살릴 수 있다. 감각이 살아나면 건강의 회복과 함께 세상에 대한 호기심과 흥미도 되살아나 더 행복해진다.

자연 기념물 모으기

숲에는 솔방울, 조그만 돌멩이, 낙엽 등 아름다운 자연물이 많다. 감동을 받고 아름다움을 느꼈던 장소에서 이러한 자연 기념물을 주워와 책상이나 늘 생활하는 공간에 놓고 감상하자. 그렇다고 살아 있는 나무나 야생화, 풀을 가져오는 것은 금물.

의술이란 자연이 병을 고쳐 주는 동안 환자가 기분 좋도록 해주
는 기술이다. ─볼테르

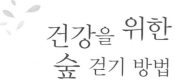

건강을 위한 숲 걷기 방법

노르딕 워킹

노르딕 워킹(Nordic Walking)은 몸의 균형을 잡고 심장 기능을 튼튼하게 하는 데 도움이 된다. 핀란드에서 유래된 이 방법은 크로스컨트리 스키와 비슷하기 때문에 눈이 아닌 땅에서 즐기는 스키라고 생각하면 이해하기 쉽다. 크로스컨트리 스키에 사용되는 폴처럼 특수 제작된 폴을 사용하여 상체와 허리, 하체 등 전신에 운동 효과를 준다. 양손에 폴을 쥐고 걸으면 인체의 모든 근육이 움직이기 때문인데 연구에 따르면 우리 몸의 근육 95퍼

센트 이상이 사용된다고 한다.

노르딕 워킹은 폴 사용법만 조금 연습하면 누구나 쉽게 할 수 있다. 또 일반적인 걷기보다 25~75퍼센트 이상의 칼로리를 소모시킬 수 있어 운동 효과가 매우 크다. 이 걷기의 장점은 폴을 사용하기 때문에 넘어지거나 미끄러질 염려가 없어 남녀노소 누구에게나 좋고, 폴 재질이 충격을 잘 흡수하는 것이라 보행이 불편한 노약자도 이용할 수 있다는 것이다. 노르딕 워킹을 하면 일반 걷기보다 심장 박동수가 13퍼센트 증가하고, 에너지도 평균 20퍼센트 더 소모된다고 한다. 또 폴을 사용하기 때문에 무릎과 관절에 부담을 덜 주면서 몸의 균형을 유지시킨다.

노르딕 워킹의 방법은 기본적으로 크로스컨트리 스키와 비슷하다. 양손으로 가볍게 폴을 잡고, 폴이 엉덩이 부분을 지나갈 때 던지듯이 팔꿈치를 완전히 펴면서 폴을 잡았던 손바닥을 완전히 펴준다. 노르딕 워킹용 폴에는 고정 테이프가 달려서 폴을 놓아도 떨어지지 않고 팔목에 그대로 고정된다. 중요한 포인트는 어깨와 팔에 힘이 들어가지 않게 폴을 잡고, 팔꿈치를 약간 굽히면서 폴을 잡았다가 다시 손바닥을 펴면서 팔을 펴는 동작을 반복하는 것이다. 이런 이유로 폴의 길이가 상당히 중요한데 전문가들은 자신의 키에 0.72를 곱하면 적당한 길이라고 말한다.

마사이 워킹

아프리카 케냐에 사는 마사이 족은 육식을 주로 하는 유목민으로, 키가 180센티미터가 넘고 늘씬한 몸매에 성인병도 거의 없이 장수하는 민족으로 유명하다. 이들의 건강 비결은 독특한 걸음걸이에 있다고 한다. 그래서 마사이 족의 걸음걸이를 모방한 '마사이 워킹(Masai Walking)'이 커다란 관심을 끌고 있다. 마사이 워킹은 마사이 족들이 부드러운 초원을 맨발로 자연스럽게 걷는 방법을 말한다.

마사이 워킹 전문가인 LG스포츠과학정보센터장 성기홍 박사는 현대 도시인들은 잘못된 걸음걸이가 몸에 매우 나쁜 영향을 준다고 지적한다. 구두를 신고 아스팔트를 걷기 때문에 몸의 무게중심이 발바닥의 중앙 부분을 건너뛰고 뒤꿈치에서 바로 앞쪽으로 넘어간다는 것이다. 이런 이유로 지면에서 오는 충격을 흡수하지 못해 걷는 자세가 변형되어 관절과 척추에 큰 무리가 온다. 반면 마사이 족은 발바닥 전체가 땅에 닿게 걷는다. 걸을 때 발뒤꿈치부터 닿기 시작하여 몸의 무게중심이 발 바깥쪽을 거쳐 새끼발가락에서 엄지발가락으로 이동함으로써 걸음걸이가 곧다. 마치 옛날에 어머니들이 물동이를 머리에 이고 걷는 것같이, 시선은 전방 15미터에 두고 턱을 당기고 허리를 곧게 편 다음 어깨에 힘을 빼고 자연스런 반동으로 걷는 것이다. 발바닥 전체에 힘을 골고루 분산시키며 굴곡이 있는 자연 상태의 지면에서 걸을 때처럼 발의 아치 구조를 모두 활용하는 방식이다.

다음은 〈매일신문〉에 실린 손 쉬운 마사이 워킹법을 소개한 기사이다. 이 방법을 따라하면 쉽게 마사이 워킹을 배울 수 있다.

마사이 워킹을 익히는 것은 쉽지 않다. 걷는 방법이 어렵다기보다는 평소 익숙해진 잘못된 습관 때문이다. 그래서 마사이 워킹을 더 쉽게 할 수 있도록 해주는

■ 마사이 워킹

가슴을 펴고 턱을 약간 당긴 자세에서 시선은 전방 10~15m를 바라보며 걷는다.

허리와 등을 곧게 펴고 걷는다.

팔의 움직임과 함께 어깨를 자연스럽게 좌우로 돌린다.

팔을 자연스럽게 앞뒤로 흔든다.

엉덩이를 심하게 흔들지 않고 자연스럽게 움직인다.

허벅지와 허리의 힘을 빼고 발목으로 걷는다.

발바닥이 마지막으로 지면에 닿는 순간 가볍게 바닥을 밀어 힘들이지 않고 속도를 낸다.

체중은 발뒤꿈치 바깥쪽을 시작으로 발 가장자리에서 엄지발가락 쪽으로 이동한다.

■ 마사이 워킹 방법

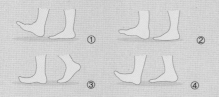

① 뒤꿈치 바깥쪽을 땅에 살짝 내려놓는다. 체중은 뒤에 있는 다리에 많이 실린다. ② 뒤꿈치 바깥에서 발의 가장자리로 체중을 옮기는 중이다. 체중의 대부분을 앞다리에 싣는다. ③ 체중이 완전히 앞으로 쏠린 상태. 앞쪽 발 바깥쪽 가장자리에 체중을 모은다. ④ 앞쪽의 마무리는 엄지발가락 부분이며 엄지로 바닥을 적당한 각도로 민다.

■ 파워 워킹

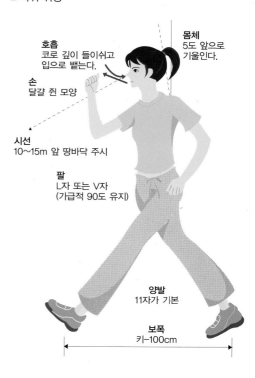

호흡
코로 깊이 들이쉬고 입으로 뱉는다.

몸체
5도 앞으로 기울인다.

손
달걀 쥔 모양

시선
10~15m 앞 땅바닥 주시

팔
L자 또는 V자
(가급적 90도 유지)

양발
11자가 기본

보폭
키-100cm

· 시속 6.4~8.0km 속도로 빨리 걷는다.
· 오른발 또는 왼발이 앞으로 나가 있는 상태에서 허리가 틀어지지 않게 한다.
· 양팔은 앞뒤로 번갈아 힘차게 흔든다.

■ 발딛기 순서
뒤꿈치 → 발바닥 → 발가락

특수 신발까지 나왔다. 하지만 20~30만 원이나 하는 고가의 신발을 산다는 것은 부담스럽다. 마사이 워킹에 쉽게 적응할 수 있는 걷는 요령을 알아본다.

먼저, 물병을 이용해 보자. 생수병 2개에 물을 반쯤 채워 양손으로 가로로 쥔다. 마사이 워킹을 하면서 발을 바꿀 때마다 물병을 좌우로 흔든다. 이때 물병의 관성으로 자연스럽게 어깨가 좌우로 흔들린다. 이렇게 되면 허리 근육의 긴장도 풀어진다.

남편과 아내, 자녀와 짝을 지어 걸어 보자. 한 사람은 앞으로, 다른 사람은 뒤로 마사이 워킹을 하자. 뒤로 걸으면 앞으로 걸을 때와 달리 발의 앞쪽부터 땅에 닿아 발 근육이 발달돼 몸의 균형이 잡힌다.

인체에는 중심이 있다. 중심이 지나치게 앞이나 뒤로 쏠리면 몸의 균형이 깨진다. 그래서 올바른 자세가 필요하다. 올바른 자세란 위쪽으로 15도 정도에 시선을 두고, 턱을 적당히 당겨 귓불이 어깨선과 일치하도록 한다. 아랫배에 약간 힘을 주고, 발은 어깨너비만큼 벌려 '11' 자 형태를 유지한다.

*〈매일신문〉 2006년 10월 26일 기사 참조

파워 워킹

파워 워킹(Power Walking)은 산책과 다르게 시속 7~8킬로미터 속도로 걷는 방법이다. 1킬로미터당 환산하면 7분 30초~9분 20초 정도의 속도로 빠르게 걷는 것이다. 한마디로 마라톤보다는 느리고, 걷기보다는 빠른 걷기 방법이다. 보통 걷기로는 불만족스런 젊은 층에서 다이어트를 하기 위해 시작했다. 건강 걷기 또는 체력 걷기로 알려진 파워 워킹은 체지방 소모율이 높고, 심폐 지구력도 높여 준다. 또한 뼈를 튼튼히 할 뿐 아니라 골밀도를 높여 주고 지구력을 향상시켜서 근육과 면역력 강화에도 도움이 된다.

빨리 걸어 달리기 효과를 내는 파워 워킹은 시속 7~8킬로미터 속도로 팔을 힘차게 저으며 큰 보폭으로 성큼성큼 걷는다. 이때 심박수는 분당 130~165회로 보통 때의 두 배 이상 된다. 걸을 때는 보폭을 넓게 하기보다는 속도를 높이는 게 중요하고, 일정한 속도를 유지하는 것이 중요하다. 체내에 축적된 지방을 분해하려면 15~20분이 지나야 연소되기 때문에 이 운동은 하루 30분 이상, 일주일에 3~4회 이상 실시해야 효과가 있다. 특히 배·허리·엉덩이·허벅지·종아리 등 평소에 사용하지 않던 근육을 많이 사용할 수 있다. 파워 워킹을 시작하기 3개월 전부터 일반적인 걷기 운동을 하여 기초 체력을 다진 다음에 시작하는 게 좋다고 전문가들은 추천한다.

파워 워킹의 방법은 발을 뗄 때 발가락 끝으로 땅을 찍듯이 밀고 나가야 한다. 그리고 다리를 빨리 교차하는 방식으로 속도를 올린다. 걸을 때 팔꿈치 각도는 90도를 유지하고 양팔을 힘차게 흔들어 주기 때문에 어깨와 등 근육도 강화된다.

다음은 〈월간 체육〉 2003년 3월 호에 소개된 파워 워킹 방법을 갈무리한 것이다.

1. 파워 워킹 요령

발가락 끝으로 땅을 찬다. 집중해서 발뒤꿈치를 땅에 먼저 닿도록 하고 발이 수평이 되도록 한 다음 발가락 끝으로 땅을 차고 나간다. 발이 땅에서 떨어질 때 속도를 가하기 위해 종아리 근육을 이용한다. 보폭을 크게 하지 말자. 더 빨리 가려면 보폭을 짧게 해 빨리 걷는다. 팔을 더 빨리 흔들면 다리도 빨라진다. 발자국 3~6보에 맞춰 율동적으로 숨을 쉬면서 최대한 산소를 흡입한다.

2. 올바른 자세

· 시선은 15미터 앞에 고정한다.

· 어깨에 힘을 빼고 걷는다.

· 허리를 곧게 펴고 걷는다.

· 팔꿈치는 'L'자 또는 'V'자 모양으로 구부린 상태로 유지한다.

· 걸을 때는 발뒤꿈치부터 대고 발바닥은 바깥쪽에서 안쪽으로 댄다.

· 보폭은 자신의 키에서 100센티미터를 뺀 길이를 유지한다.

· 걷는 도중 호흡은 코로 들이쉬고 입으로 내쉬도록 한다.

· 다리는 양 무릎이 스칠 정도로 거의 일자에 가깝게 교차한다.

· 주먹은 가볍게 쥐고 가슴 중심선을 중심으로 조금씩 교차시킨다. 주먹과 가슴 사이의 거리가 30센티미터 이상 떨어지지 않도록 한다. 그냥 매달려 있는 것처럼 힘이 없으면 안 된다. 또 팔을 양 옆 좌우로 흔들어서도 안 된다.

· 걸을 때 유의할 점은 보폭을 크게 하지 말아야 한다는 것이다. 더 빨리 가려면 보폭이 짧고 빠른 발걸음을 유지하는 것이 오래 걷는 요령이다.

여럿이 함께, 즐거운 숲 산행

1. 한 달에 한 번, 다른 숲에 간다. 새로운 숲, 새로운 등산로를 탐험하는 계기가 된다.

2. 한 계절이 끝나거나 일 년이 지난 후 함께했던 사람들과 회식을 한다. 숲 산책이 끝난 아침도 좋고, 숲 산책 후 점심도 좋다.

3. 참여자들이 관심 있어 하는 주제를 선택해서 매월 또는 분기별로 연사를 초청해 연사와 함께 숲 산책을 한다. 건강이나 자연보호, 야생동물에 관한 주제도 좋다.

4. 숲 산책 모임의 목표를 확실히 정한다. 예컨대 날씨에 상관없이 일요일 오전에 좋은 숲을 찾아가서 감상한다든지 하는 목표를 확실히 정한다.

5. 숲 산책으로 건강해진 성공담을 공유한다.

6. 숲 산책 모임에 조언해 줄 수 있는 전문가를 많이 확보한다. 조언자로서뿐만 아니라 연사도 될 수 있다.

숲으로 가서 신선한 공기를 마시자. 자연의 평온이 나무 사이로 흘러들어 오는 햇살과 같이 내 몸에 밀려들 것이다. 이 바람은 나를 새롭게 하고 또 기력을 충전시킨다. 내가 가진 근심은 가을에 낙엽 떨어지듯 사라질 것이다. ─존 무어

상상 산림욕만으로도 건강해진다

지인 중에 주말에만 골프를 치면서도 늘 싱글 스코어를 유지하는 분이 있다. 사업하느라 연습장에 갈 시간조차 없는 사람인데 말이다. 그 분이 스코어를 유지하는 비결은 바로 '상상 연습'이었다. 바쁜 중에도 짬짬이 여러 가지 상황을 머릿속으로 그리며 연습했던 것이다.

의학에서도 '플라시보 효과'라는 것이 있다. 환자에게 가짜 약을 투여해도 받아들이는 사람이 약의 효용을 믿으면 실제로 치료 효과를 볼 수 있다는 것이다. 앞의 지인이 말한 '상상 연습'도 바로 플라시보 효과이다. 산림

욕 효과도 마찬가지이다. 많은 사람이 숲에 가서 산림욕을 하고 싶어한다. 그러나 현실 여건은 그렇지 못할 때가 많다. 이런 때는 상상으로 숲을 찾는 것만으로도 행복하고 건강해진다.

숲의 간접 효과가 건강에 도움을 준다는 사실은 이미 실험과 연구로 증명되었다. 일본에서 수행된 실험 결과인데, 두 가지 다른 집단의 피실험자에게 똑같이 숲 속의 물 흐르는 소리를 녹음하여 들려주었다. 그리고 한 집단에게만 이 정보를 준 뒤 피실험자들의 뇌파를 측정하였다. 실험 결과 정보를 듣지 못한 집단의 뇌파는 변하지 않았는데, 정보를 들은 집단은 안정되고 편안한 상태에서 나오는 알파파가 증가하였다. 정보를 들었던 집단은 소리와 함께 숲 속을 상상했을 것이 분명하다. 이렇게 상상으로 믿으면 생리적으로도 변한다.

재미난 실험이 또 있다. 하버드대학 연구팀에 따르면, 운동하고 있다고 생각만 해도 진짜로 살이 빠진다는 것이다. 육체노동을 하는 호텔 미화원 두 집단 중 한 집단에는 그들 노동이 매일 30분 이상 운동하는 것과 같은 효과가 있다고 알려 주고, 다른 집단에게는 아무 정보도 주지 않았다. 4주 후 두 집단을 비교했더니 정보를 받고 운동 효과를 믿은 집단은 평균 체중이 0.9킬로그램 감소되고 체지방도 줄었으며, 혈압도 10퍼센트 떨어졌다고 한다.

숲의 건강 효과를 소개할 때 단골로 나오는 것이 있는데, 미국 텍사스 A&M대학의 울리치 교수가 1984년에 〈사이언스〉지에 발표한 연구 결과이다. 담낭제거 수술을 받은 환자 중에서 입원실 창으로 숲을 볼 수 있는 사람들이 그렇지 못한 사람들보다 회복이 빨랐고, 진통제 투여 횟수와 병원에 대한 불만 제기 등도 적었다는 것이다. 또한 최근 서울에서 근무하는 직장인을 대상으로 조사한 결과에서도 사무실 창으로 숲을 볼 수 있는 사람들이 그렇지 못한 사람들보다 직무 만족도가 훨씬 높고, 직무 스트레스도 덜 받는 것으로 나타났다.

이렇듯 창으로 숲을 보든, 상상으로 숲을 체험하든 숲이 우리 인체와 심리에 미치는 영향은 대단하다. 몸과 마음이 피곤하고 지쳤으나 숲을 찾을 여건이 되지 않는다면 머릿속으로라도 숲 여행을 상상하자. 그리고 창밖에 숲이 있다면 자주 창밖으로 눈을 돌리자. 그러면 한결 마음이 평온해지고 행복 호르몬인 세로토닌과 엔도르핀이 분비되는 것을 느낄 수 있으리라. 현실적으로 숲을 찾기 어려울 때 간접적으로 할 수 있는 산림욕 방법을 소개한다.

1. 눈을 감고 숲에 있다고 상상하자. 상상도 연습이다. 자주 가상 숲 여행을 하다 보면 익숙해질 것이다. 숲 향기를 맡을 수 있는 방향제나 아로마 액을 이용하면 좀 더 효과적일 수 있다.
2. 창으로 자주 숲을 내다보자.
3. 컴퓨터 바탕화면에 아름다운 숲 사진을 깔자. 숲의 자연음이 담긴 CD 등을 자주 듣자.
4. 숲 사진을 책상, 거실, 부엌 등 자주 보는 곳에 붙여 두자. 그리고 숲에 가는 상상을 하자.

건강을 챙기는 것은 그냥 오래 살겠다는 막연한 희망을 넘어서
활동의 원동력이자, 행동의 원천이다. —미상

숲은 재미있는
천연 헬스클럽

현대 사회는 사람들이 움직일 기회를 **빼앗는다**. 그래서 일부러 시간과 노력을 들이지 않으면 운동할 기회가 없다. 모든 성인병의 주요 원인 중 하나가 운동 부족이다.

운동 중에서 가장 좋은 운동은 걷기이다. 언제든지 특별한 장비 없이 할 수 있기 때문이다. 걷는 것은 헬스클럽의 멤버십도, 골프할 때의 특별한 장비도 필요 없다. 더구나 남녀노소를 불문하고 자신의 체력과 능력에 맞게 운동할 수 있으며, 모든 사람에게 좋은 운동 효과를 준다. 사랑하는 사람과 같이 대화하며 걸어도 좋고, 때론 혼자 생각에 잠겨서 걸어도 좋다. 아마토는 『걷기, 인간과 세상의 대화』에서 사람은 걸으면서 비로소 철학적으로 사고하기 시작했다고 하지 않았는가.

걷기의 건강 효과를 더 자세히 살펴보자. 지금까지 발표된 연구 결과에 따르면 걷기는 만병통치약이자, 건강한 삶의 비결이다. 먼저 걷기는 심장과 폐를 튼튼히 해준다. 모든 운동, 특히 유산소 운동이 그렇듯이 걸을 때는 온몸에서 요구하는 혈류량이 평상시의 5배 정도 된다. 또한 이때 온몸으로 산소를 빨리 공급해 주어야 하므로 폐도 활발히 움직인다. 이런 연유로 걷기는 심장과 폐 기능을 튼튼하게 한다.

무리만 하지 않는다면 꾸준한 걷기는 관절을 자극하여 연골을 강하게 하고 새로운 연골 조직을 만들어 냄으로써, 점점 약해지는 관절을 보강하고 튼튼하게 한다. 뼈에도 마찬가지 효과를 주어 골밀도를 높이므로 골다공증을 예방할 수 있다. 섭취한 칼로리를 소비시켜 비만을 방지하는 것 또한 걷기의 큰 장점이다. 이렇게 걷기는 웬만한 현대 성인병 또는 생활습관병을 예방할뿐더러 성인병 치유에도 도움이 된다.

걷기가 사망률을 낮춘다는 연구 결과도 있다. 미국에서 8년에 걸쳐 조사한 결과에 따르면, 하루 30~60분씩 주 4~5회 걷는 사람은 걷지 않는 사람보다 사망률이 60퍼센트나 낮았다고 한다. 규칙적으로 걷기만 해도 사망률을 60퍼센트나 낮춘다니 걷는 것이 생명 연장의 보약이 아니고 무엇이겠는가? 걷는 것이 암을 퇴치하는 데도 효과적이라는 연구도 있다. 캐나다 온타리오 공중건강센터에서는 442명의 난소암 환자와 2,135명의 일반인을 대상으로, 운동이 암 치료에 얼마나 효과적인가를 비교 조사하였다. 조사 결과에 따르면 30~60분간, 일주일에 5회 걷기나 골프 같은 적절한 운동을 한 여성들이 그렇지 않은 여성들에 비해 난소암에 걸릴 확률이 30퍼센트나 줄어드는 것으로 나타났다. 운동한 여성들은 에스트로겐의 분비가 낮아지는 대신 이 호르몬이 난소 세포의 발달을 가져와 암으로 확대되는 것을 막기 때문이다. 육체적인 건강뿐만이 아니다. 걷기는 스트레스를 해소시키고 기분을 전환시켜 주며, 에너지를 충전시킨다. 기분이 침울할 때 걷기는 그야말로 효과적인 약이다.

숲에서 걸으면 더 큰 효과를 볼 수 있다. 숲에는 흥미롭고 오감을 자극하는 온갖 요소들이 있기 때문이다. 신선한 산소, 먼지 없는 깨끗한 공기, 아름다운 경치, 새들의 멋진 노래, 온몸을 부드럽게 휘감아 도는 미풍, 피부를 간질이는 듯한 포근한 햇살…. 이런 것들이 숲 속에서 행복하게 걷게 한다. 또한 숲길은 지형이 다양해 몸의 각 부분을 이용하는 적절한 운동 효과를 가져다준다. 오르막도 있고 내리막도 있으며, 때론 몸의 균형을 잡아야만 건널 수 있는 징검다리도 있다. 이 모든 것이 우리 몸에 적절한 운동 효과를 준다.

몸이 피로해진다 싶으면 숲의 나무 등걸에 앉아 자연의 소리에 귀를 기울이는 것도 재미있다. 언뜻 스치는 바람은 저쪽 산에서 일어난 일들을 이곳의 나무와 돌에게 들려주고는 발걸음을 재촉한다. 나뭇가지 사이로 흐르는 한줄기 바람은 가슴속을 파고들어 관능을 자극한다. 숲에서 번지는 원초적인 천연 냄새는 폐 속 깊은 곳까지 들어가 상쾌함을 준다.

운동 효과 면에서도 숲에서 걷기만큼 효율적인 것이 없다. 자연스럽게 강약이 조절되기 때문이다. 최근 호주에서 발표된 연구 결과를 보면 강도 높은 운동을 장시간 계속 하는 것보다 중간중간 강약을 조절하면서 하는 운동이 훨씬 더 효과적이라고 한다. 호주 뉴사우스웨일즈대학의 스티브 부부 교수팀은 비만 여성 45명을 대상으로 8초 동안은 힘껏 페달을 밟고, 12초 동안은 가볍게 밟는 운동을 반복하게 한 결과, 보통 속도로 40분 동안 쉬지 않고 자전거를 탄 사람들보다 3배 이상의 체중 감량 효과를 가져왔다고 밝혔다. 그것은 운동의 강약을 조절할 때 몸속에 생기는 카테콜아민이라는 화학물질이 신진대사를 촉진시켜 피부와 근육에 들어 있는 지방을 더 많이 연소시키기 때문이다.

숲에서 걸으려면 항상 마실 물을 준비하는 게 좋다. 잘 알다시피 물은 우리 몸의 70퍼센트를 차지한다. 우리 몸이 제대로 기능하려면 충분한 물이 필요하다. 걸을 때 피부와 호흡으로 수분이 증발하면서 체온이 조절되고, 몸속 노폐물이 땀과 함께 배출되어 신진대사를 비롯한 몸의 기능이 활발해진다. 숲에서 걸을 때는 특히 몸의 수분 소비가 많은데 제때에 수분이 보충되지 않으면 갈증과 더불어 탈수증까지 일으킬 수 있으니 마실 물을 충분히 준비해야 한다. 또한 몸에 물이 부족하면 뼈나 관절 사이, 세포와 세포 사이, 내장과 기관 등에서 일어나는 대사에 차질이 생길 수 있다. 숲길을 걸으며 자주 물을 마셔 주는 것은 탈수를 막는 좋은 방법이다. 탈수 증세까지 왔을 때 물을 마시면 물을 과다하게 마셔 소화기에 장애를 불러올 수 있다.

숲에서 걷기는 유산소 운동뿐만 아니라 근력 운동 효과까지 주기 때문에 좋다. 30대 이후가 되면 10년마다 근육량이 10퍼센트씩 감소한다. 운동을 중단하면 근력이 만들어지는 것보다 2배 이상 빠르게 줄어든다고 하니 지속적인 운동이 중요하다. 전문가들이 조언하는 가장 효율적인 운동 방법은 꾸준히 하는 것이다. 숲에서 걷기도 마찬가지다. 매일 규칙적으로 걸으면 육체적인 건강뿐만 아니라 심리적·정신적 안정과 일상의 행복까지도 가져다준다. 많은 사람이 시간이 없다고 변명하지만 식사는 하지 않는가. 걷기도 식사하는 것과 다를 바 없다. 그러니 자투리 시간이라도 아껴서 걷는 습관을 들이자. 예를 들어, 점심을 일찍 먹고 20분 정도 걷는다든지 하면 좋을 것이다.

의지, 일관성과 지속, 그리고 흥미. 우리가 건강과 행복을 얻기 위해 산림욕을 하려면 필요한 것들이다. 가끔 기분이 내킬 때 숲에 가는 것은 누구나 할 수 있는 일이다. 그러나 건강을 위해 지속적으로 숲에 가는 일은 쉽지 않다. 따라서 언제 어느 숲을 어떻게 갈 것인지 구체적인 스케줄을 짜고, 그것을 실천하는 것이 지혜로운 방법이다.

산림욕의 가장 큰 장점은 특별한 준비운동이 필요하지 않다는 것이다. 8~10분 정도 천천히 걷는 것만으로도 몸이 충분히 풀린다. 이후 걷는 속도를 자연스럽게 높여 가면 되는데 자신의 몸 상태에 알맞게 속도를 유지하는 것이 중요하다. 걸을 때는 팔을 가볍게 움직여 주는 것이 좋다. 걸으면서 또는 쉴 때 가끔씩 팔과 다리를 스트레칭 해주면 기대 이상의 운동 효과를 볼 수 있다.

산림욕을 효과적으로 하기 위해서는 걷는 속도를 조절하는 것이 좋다.

처음에는 천천히, 이후에는 자신의 몸 상태에 따라 속도를 내고, 마지막 10~15분 정도는 정리운동의 개념으로 천천히 걷는다. 마지막 천천히 걷기는 빠르게 박동했던 심장 속도를 늦추고 호흡도 고르게 해준다. 몸 상태를 평상시로 돌려놓는 것이 바로 이 단계이다.

산림욕은 빨리 걷거나 달리는 운동이 아니다. 따라서 절대 무리하면 안 된다. 명심하자. 산림욕 목적은 오감을 열어 숲의 건강 물질을 흠뻑 흡수하고, 아름다운 자연과 동화하여 교류하는 것이다. 급경사진 길을 오를 때는 빨리 걷거나 뛰는 것 같은 운동 효과를 볼 수도 있으니 너무 '많이, 빨리' 하려는 생각은 버려야 한다.

나의 신체 건강 활동 점수는?

운동	언제나	가끔	안 한다
1. 나는 목표 체중을 유지하려 노력한다.	3	1	0
2. 나는 일주일에 세 번씩 활동적인 운동을 15~30분간 한다.	3	1	0
3. 나는 근육을 향상시키기 위한 운동을 일주일에 적어도 세 번씩 한다.	2	1	0
4. 나는 여가 시간을 이용하여 개인, 가족, 팀 활동에 참가하여 운동한다.	2	1	0

흡연			
1. 흡연을 전혀 안 한다면 10점을 얻고 다음 사항으로 넘어간다.			
2. 나는 흡연을 피하는 편이다.	2	1	0
3. 나는 저니코틴, 저타르의 담배만 피우거나 파이프 담배만 피운다.	2	1	0

알코올과 약품			
1. 나는 음주를 피하거나 한두 잔 정도 마신다.	4	1	0
2. 나는 스트레스나 고민이 있을 때 술이나 약으로 풀려고 하지 않는다.	2	1	0
3. 나는 임신을 했거나 약을 복용하고 있을 때 술 마시는 것을 피하려고 한다.	2	1	0

스트레스	언제나	가끔	안 한다
1. 나는 즐길 수 있는 일이나 다른 취미 활동을 갖고 있다.	2	1	0
2. 나는 긴장을 푸는 일이 어렵지 않고, 자유롭게 내 자신의 느낌을 표현할 수 있다.	2	1	0
3. 나에게 스트레스를 줄 만한 일이나 상황을 일찍 알아서 미리 대처한다.	2	1	0
4. 내가 곤경에 처했을 때 도움을 청하거나 의논할 수 있는 친구, 친지 등이 있다.	2	1	0
5. 나는 동호인 모임이나 취미 생활에 참가한다.	2	1	0

식사 습관			
1. 나는 매일 음식을 골고루 먹는다.	4	1	0
2. 나는 지방질 음식을 제한한다.	4	1	0
3. 나는 염류 음식을 제한한다.	2	1	0
4. 나는 너무 단 음식을 피한다.	2	1	0

안전			
1. 차를 탈 때 안전벨트를 착용한다.	2	1	0
2. 음주, 약물 복용 후 운전을 삼간다.	2	1	0
3. 나는 교통 법규와 속도 제한을 지킨다.	2	1	0
4. 위험성을 내포한 물건을 조심스럽게 사용한다.	2	1	0
5. 나는 잠자리에서 흡연을 삼간다.	2	1	0

＊ 각 항목에서 나온 점수를 합산해 아래 기준에 따라 진단한다.

9~10점 : 매우 우수함.

6~8점 : 좋다는 것을 나타내지만, 다소 개선할 여지가 있음.

3~5점 : 당신의 건강은 위험함.

0~2점 : 당신의 건강은 매우 위험함.

*출처 : 사이버 체력 관리 시스템

부모가 자녀에게 물려 줄 수 있는 가장 위대한 유산은 날마다 그
들과 잠깐이라도 시간을 함께하는 것이다. —베티스타

건강한 가족 관계와
산림욕

가족은 가장 작은 규모의 사회이고 이해 집단이 아닌 혈연으로 묶여 있다
는 사실은 유치원생들도 알고 있다. 가정이 화목하고 행복해야 그 사회와
국가가 건강하고 생산성도 높다. 그런데 사회가 점차 복잡해지면서 가족의
역할과 기능이 저하되고 있다. 가장인 아버지는 밤늦게 들어와서 새벽 일
찍 나가는 일에만 몰두하는 사람으로 인식되고, 자녀들도 학원이나 과외수
업 때문에 가족들과 얼굴 맞대고 대화할 틈이 없다. 모처럼 일찍 들어왔더
니 딸이 "아빠, 집으로 출장 왔어?"라고 물어 충격을 받았다는 어느 직장인

의 이야기가 특별하지 않을 정도이다.

이러한 사회 현실 때문에 가족이 한자리에 모이기가 점점 어려워진다. 설령 함께 있더라도 고작 TV를 보는 정도다. 대화를 나누고 서로의 감정을 공유할 줄 모른다. 그래서 부모는 자식을 이해하지 못하고, 자녀들은 부모의 마음을 헤아리기 어렵다. 이것은 원래 우리의 가족 모습이 아니다. 손가락이 다섯 개이지만 하나의 손을 만드는 것처럼 가족은 구성원 개체는 서로 달라도 하나인 것이다.

생태학을 뜻하는 단어 '에콜로지(ecology)'는 그리스어의 가족을 뜻하는 '에코(eco)'와 학문을 뜻하는 '로지(logy)'가 결합된 것이다. 왜 생물과 환경, 자연을 연구하는 학문에 가족을 뜻하는 어원이 들어가 있을까? 먼저 생태계의 핵이라 할 수 있는 숲을 살펴보자. 숲에는 수많은 생물과 무생물 인자가 서로 어우러져 있다. 이들은 때로는 경쟁하고 서로 협력하며 거대한 숲을 이루고 있다. 숲에서는 아주 작은 것도 숲을 이루고 지탱해 나가는 데 큰 역할을 한다. 덩치 큰 나무든 땅 위를 기어다니는 작은 지렁이든, 심지어 눈에 보이지 않는 곰팡이 포자 등도 모두 숲을 이루고 변화시키는 데 필요하다. 몇 백 년간 삶을 영유하다 죽은 나무는 썩어 영양분이 되어 다시 땅으로 돌아온다. 죽은 나무를 썩혀 땅을 기름지게 만드는 것은 우리 눈에 보이지도 않을 정도로 작은 버섯의 포자나 미생물들이다. 이처럼 숲의 수많은 인자는 서로에게 영향을 주고받는 가족 역할을 하기 때문에 생태학의 어원에 가족이란 뜻이 들어가지 않았을까.

가족의 원래 의미를 깨우치고 진정한 가족 사랑을 회복하는 방법으로는 숲이 최고다. 한국녹색문화재단에서 실시한 소외 계층의 숲 캠프 효과를 평가한 적이 있다. 그 일을 하면서 숲이 가족의 진정한 의미를 찾아 주는 사례를 수없이 확인할 수 있었다.

한 가지 사례를 소개하자면, 알코올 중독자와 그 가족을 위한 숲 치유 캠프에 참여한 부부 이야기다. 잘 알려진 대로 알코올 중독은 본인은 물론 가정까지 파멸시키는 고약한 특성이 있다. 정상적인 생활을 하지 못하는 알코올 중독자의 반복되는 육체적·언어적 폭력과 싸워야 하는 가족들의 고통은 이만저만이 아니다. 그래서 알코올 중독자들은 결국 가족에게 외면과 냉대를 받고, 그로 인한 심리적인 황폐함 때문에 더욱 알코올에 의존한다. 이 부부도 몇 년을 이런 고통 속에 살아왔기 때문에 말이 부부이지 서로 원수처럼 대할 정도로 증오의 늪이 깊었다. 알코올 상담센터 상담원에게 강력히 추천받아 숲 캠프에 참여한 이들 부부에게 캠프 참가는 몇 년 만에 처음 갖는 둘만의 외출이었다. 그저 부부의 의무로서 참여한 이들의 처음 반응은 무감각 그대로였다. 캠프 오리엔테이션과 자신을 소개하는 첫날은 그냥 그렇게 지나갔다.

이튿날, 자기 모습을 닮은 자연물을 찾는 프로그램이 있었다. 그것은 자기 모습을 다시 한 번 돌아보고 냉철히 분석하게 만들기 위해 마련된 시간이었다. 이때 남편은 작고 예쁜 솔방울을 찾아 목걸이로 만들어 아내에게 선물했다. 부인이 남편에게 생전 처음 받은 선물…. 비록 돈으로는 값어치 없는 솔방울 목걸이였지만 부인에게는 다이아몬드보다 더 값비싼 선물이었다. 부부는 쉴 새 없이 눈물을 흘렸고, 다른 참여자들도 모두 울먹거렸다. 부부의 쌓여 있던 몇 년간의 미움과 반목이 눈물과 함께 말끔히 씻겨 내려갔다. 남편은 아내에게 잘못을 고백했고, 아내 역시 새로운 사랑으로 남편을 받아들이기로 한 감격적인 순간을 숲에서 맞았던 것이다.

미국 오리건 주에 사는 소녀 에린의 이야기도 감동적이다. 에린은 얼마 전까지만 해도 미래가 없는 문제아였다. 반복된 가출과 알코올 중독, 마약에 탐닉하는 그녀의 앞날을 희망적으로 보는 사람은 아무도 없었다. 그런 그녀가 이젠 완전히 다른 인생을 살고 있다. 지금은 웨스턴오리건대학에 다니고 있으며, 초등학교 교사를 꿈꾸고 있다.

무엇이 그녀를 변하게 했을까? 청소년상담센터에 보내도 그녀의 태도와 행동은 전혀 변할 기미가 보이지 않았다. 그러자 에린의 아버지는 문제 청소년을 위한 21일 동안의 숲 캠프에 그녀를 보내기에 이른다. "아버지에게서 숲 캠프 이야기를 들었을 때 몹시 화가 났었다."는 그녀는 결국 분노에 차서 낯선 숲으로 향했다. "처음엔 꽤나 힘들었어요. 화도 무척 났죠. 숲에서 생활하는 동안 대화하면 안 되었거든요. 그래서 온종일 생각만 하고, 또 모든 것을 마음속으로 계획해야 했어요. 그렇게 한 2주일을 보내고 나서야 모든 게 제 잘못이었다는 걸 받아들이기 시작했어요. 그리고 제 인생이 어떻게 가고 있는지 깨달았지요."

시간이 흐를수록 에린은 주변의 아름다움을 발견하게 되었다고 한다. "무심히 지나치던 이름 모를 야생화의 아름다움이 눈에 들어오고, 나뭇잎을 스치는 바람소리가 내게 무슨 말을 하는지 알 것 같았어요. 석양을 바라보는데 눈물이 솟구치고 그동안 미워했던 부모님이 그리워지기 시작했

숲이 주는 작은 **감동**은 진정한 가족의 의미를 생각케 하고
우리의 **가족 관계**를 회복시킨다.

지요. 그리고 그동안 제가 얼마나 가족들에게 못되게 굴었는지도 깨달았어요."

21일의 숲 캠프를 마치고 집으로 돌아온 에린은 그만두었던 고등학교를 다시 다니기 시작했고, 우등생으로 학교를 졸업하였다.

"숲 캠프에서 돌아온 후에야 비로소 세상에서 올바른 제 위치를 찾은 것 같아요. 진부하게 들리겠지만 진심이에요. 이전의 저처럼 잘못된 길을 가고 있는 사람들에게 숲이라는 '살아 있는 상담소'를 권합니다."

숲은 이렇게 가족에 대한 사랑과 감정을 변화시킨다. 특히 역경에 처한 사람에게 그것을 극복하고 인생을 다시 설계할 힘을 준다. 지난 외환위기 때, 온 힘을 바쳐 일하던 직장에서 쫓겨나고 또 하루아침에 전 재산을 잃어버린 사람들이 그 분노와 허망한 마음을 숲에서 달래고 숲에서 다시 희망을 찾았다는 사실은 결코 우연이 아니다. 숲은 인생의 긍정적 변화를 가져오는 신비한 곳이다.

숲이 주는 작은 감동은 가족 관계를 회복시키고, 또한 가족 안에서 자기 위치를 다시 확인시킴으로써 가족 구성원들을 변화시킨다. 숲은 우리가 일상생활을 하는 곳과 확연히 다르다. 인공물이 아닌 자연물로 이루어져 있고, 그 속에서 사람들은 아름다움을 느끼고 호기심과 흥미를 갖는다. 약물이나 알코올에 의존하거나 또는 정신적으로 나약한 사람들은 대부분 자기 시간을 제대로 관리하거나 건설적으로 보내지 못하는 공통점을 갖고 있다고 한다. 이러한 사람들에게 숲은 새로운 것에 대한 호기심과 흥미를 자극하고 발견하게 한다. 숲 자체가 새로운 관심 대상이 되어 그들 스스로를 괴

롭히던 갈등과 문제에서 벗어나게 한다.

숲은 가족 사이에서도 서로를 이해하고 감정을 나누며 소통하는 기회를 제공한다. 집에서와 달리 자연스럽게 서로의 마음을 허물고 진솔한 관계를 맺게 한다. 그동안 숨겨 왔던 이야기도 쉽게 터놓을 수 있는 시간이 마련된다. 이러한 감정 교류는 자신이 혼자가 아니며, 자신도 이해받을 수 있는 존재라는 사실을 깨닫게 한다. 소외 계층을 대상으로 하는 숲 캠프를 진행해 보면, 평소와 달리 이들이 다른 사람들과 소통하는 데 매우 적극적으로 변한다는 사실을 쉽게 목격하게 된다.

앞서 소개한 사례와 같이 심각한 문제를 가지고 있지 않더라도 오늘날 가족들은 대부분 여러 가지 이유로 대화가 부족하고 서로를 깊이 이해하는 기회를 갖기 어렵다. 이러한 문제를 해결하고 싶다면 가족과 함께 정기적으로 숲 나들이를 하라고 권한다. 주말에 가까운 자연휴양림에 가서 하룻밤을 보내 보자. 자녀 손을 잡고 숲길을 걸어 보고, 밤에는 하늘의 별을 헤아려 보자. 이런 체험은 자녀들이 영원토록 기억할 좋은 추억이 될 것이다.

국내 주요 자연휴양림

소나무 정기를 듬뿍 받을 수 있는
대관령자연휴양림 솔숲

일상에 지쳐서 삶이 피곤해지고 고단할 때 대관령자연휴양림의 소나무 숲에 가 보자. 힘차게 뻗은 소나무를 보고 있노라면 단박에 몸과 마음이 추스려진다. 강원도 강릉시 성산면 어흘리에 있는 대관령자연휴양림은 1988년 우리나라에서 최초로 만들어진 자연휴양림이다. 이곳의 솔숲을 보면 인간의 노력과 의지가 얼마나 값진 열매를 맺었는가 감탄하지 않을 수 없다. 울창한 숲은 자연이 아니라 인간이 만든 것이다. 1922년부터 씨앗을 심어 싹을 키우고 가꾸었다는 기록이 있다.

대관령자연휴양림 소나무들은 주변에서 보는 흔한 소나무들과 다르게 줄기가 곧다. 그래서 문화재 복원을 위한 목재로 지정되어 있다. 소나무 숲길은 평탄하게 잘 정리되어 노약자나 환자들도 무리 없이 산책할 수 있다. 고혈압, 당뇨, 비만 등의 육체적 질환을 가진 사람이나 임산부와 같이 과격한 신체 활동이 몸에 좋지 않은 사람들에게 아주 좋은 산림욕 코스이다.

소나무 숲 속을 거닐 때 코에서 폐 깊숙한 곳까지 파고드는 솔 향기는 도심에서 공해에 찌든 폐를 말끔하게 정화시킨다. 어디 그뿐이랴! 소나무에서 나온 피톤치드는 머리뿐만 아니라 몸속을 돌고 도는 피도 깨끗하고 맑게 해준다. 또 소나무 가지 사이로 불어오는 바람은 가슴속에 쌓여 있던 근심과 걱정을 날린다. 그래서 숲에서 나오면 몸과 마음이 새로워져 내가 달라졌음을 느낄 수 있다.

소나무 숲 이외에도 대관령자연휴양림에는 깨끗한 물이 폭포처럼 흐르고, 많은 바위들이 물과 어우러져 있다. 계곡을 가로지르는 금바위교에서 잠시 멈춰 서 보라. 우렁찬 물소리가 도시 공해로 무뎌진 당신의 감각을 일깨울 것이다.

○● 이름만큼이나 유명한 유명산자연휴양림

유명산이라는 산 이름은 1973년 엠포르 산악회가 국토를 종주하다가 이곳을 통과할 때 홍일점이었던 여성 대원 진유명 씨의 이름을 따서 붙인 데서 유래되었다. 산 이름만큼이나 휴양림의 명성도 높다. 풍부한 물과 기암괴석, 울창한 숲이 어우러져 장관을 이룬다.

유명산의 숲 특징은 무엇보다도 사람이 만든 인공 숲과 자연이 만든 천연 숲이 함께 어우러져 있다는 것이다. 숲을 대표하는 나무는 잣나무와 낙엽송이다. 우리나라 숲 어디에서나 흔한 나무가 낙엽송이지만, 유명산 낙엽송은 1960년대 초에 심은 것들로 반백년 역사를 자랑한다.

계곡에 물이 풍부한 것도 이 휴양림의 특징이다. 물이 많아 소용돌이치는 곳이 많고, 웅덩이도 많다. 그래서 여름에는 무척 시원하다. 또 물이 많은 곳은 음이온이 풍부하다. 이런 이유로 대표적인 숲 건강 물질인 음이온과 피톤치드가 풍부한 유명산은 여러 가지 질병 치유에 효과적인 좋은 숲이다.

유명산자연휴양림은 사계절 언제나 즐기기에 좋다. 봄에는 많은 산새와 물소리가 청각을 자극하고 낙엽송의 연초록 잎이 눈을 즐겁게 해준다. 그리고 산들바람은 마치 어린아이의 손길처럼 부드럽다. 여름은 계곡의 금빛 찬란한 시원함과 잣나무가 내뿜는 피톤치드를 제대로 느낄 수 있는 최적의 계절이다. 가을에는 낙엽송의 단풍을 즐길 수 있다. 낙엽송 숲을 거닐며 맞는 낙엽 세레모니는 잊지 못할 추억거리가 된다. 겨울 숲의 백미는 숲에 면면히 흐르는 침묵과 고요인데 낙엽송과 흰 눈이 어우러진 유명산의 침묵과 고요는 더 깊다.

유명산자연휴양림은 수도권에서 가까워 몸과 마음이 피곤할 때 쉽게 찾을 수 있다. 오가는 길은 드라이브 코스로도 아주 환상적이다.

◦● 건강도 챙기고 역사 공부도 하는 조령산자연휴양림

충북 괴산군 영풍면에서 경북 문경시 문경읍까지 이어지는 이 휴양림은 자연과 역사가 어우러진 곳이다. 삼국시대부터 신라와 고구려의 중요한 군사적 요충지였고, 임진왜란 때에는 신립 장군이 왜병의 북상을 막기 위해 방어진을 쳤던 곳이다. 조령산 숲 입구에는 50년에서 60년 된 소나무가 들어차 있고, 숲길을 따라 조령삼관문을 지나 문경새재도립공원으로 넘어가면 드라마 〈태조 왕건〉 세트장까지 관광할 수 있다. 숲길의 길이는 총 7킬로미터 정도로 여유롭게 걷기에 좋다.

조령산에서 문경새재까지 길은 평탄하고 잘 정비되어 있어 누구라도 쉽게 걸을 수 있다. 또 곳곳마다 역사 유적이 많아 하나하나 관람하면서 걷다 보면 시간이 언제 지나가는지 모를 정도다. 숲길 주변의 아름다운 풍경과 귀를 간질이는 새소리와 물소리는 지친 우리 삶에 활력을 불어넣는다. 또한 신발 밑창에서 온몸으로 퍼지는 감미로운 흙길의 감촉은 나무토막 같던 몸의 감각을 다시 일깨워 세포 하나하나가 깨어나게 한다. 그래서 여건이 되면 이 숲길 어느 곳쯤에서 맨발로 걸어보는 것도 추천해 볼 만하다. '산책하다'라는 말은 '명상'에서 나왔다고 한다. 한적하게 이곳을 걷노라면 이 어원의 진정한 의미를 알 수 있으리라.

조령산자연휴양림은 온천 관광지로 명성이 높은 수안보와 인접해 있다. 숲 여행 후 즐기는 온천욕 역시 몸과 마음을 건강하고 행복하게 한다. 거기에 월악산과 조령산에서 나온 신선한 무공해 산채 음식까지 곁들이면 그야말로 건강과 웰빙 여행으로는 완벽하다고 할 수 있다.

○● 진정한 쉼의 의미를 느끼게 해주는 산음자연휴양림

몸과 마음을 쉬기 위해 여행을 가서 오히려 피곤만 싸들고 오는 경우가 많다. 숲만 해도 그렇다. 유명한 숲이나 산에 가면 입구부터 혼잡하게 널려 있는 음식점과 가게들이 '쉼'을 방해한다. '진정한 쉼'을 느낄 만한 숲을 추천해 달라는 질문에 서슴지 않

고 산음자연휴양림을 권하고 싶다. 이 휴양림은 경기도 양평에서도 오지로 소문
난 곳에 위치해 있다. 거리상으로 서울에서 가까워 가볍게 다녀올 수 있다.

산음자연휴양림은 다양한 종류의 나무로 이루어져 있다. 인공으로 심은 잣나
무, 낙엽송을 비롯해서 천연으로 자란 참나무, 층층나무, 단풍나무들이 서로 조
화를 이루며 어우러져 있다. 또한 산음의 숲은 수많은 새와 야생동물의 서식지이
다. 너구리, 오소리, 고라니 같은 짐승들이 이곳에선 아주 흔한 풍경이다. 그만큼
아직도 순수한 자연의 모습을 그대로 간직하고 있다고 말할 수 있다.

유럽풍의 산속 휴양촌을 연상시키는 숲 속의 집과 다양한 나무들, 그리고 깨끗
한 계곡물이 흐르는 산음자연휴양림은 일상을 탈출하여 가족과 함께 오붓하게
지낼 수 있는 곳이다. 이 휴양림의 또 하나의 특징은 깊은 산중에 자리 잡고 있어
세상과 단절된 고적감을 느낄 수 있다는 것이다.

휴양림에는 1.5킬로미터 길이의, 숲과 자연을 체험하고 공부할 수 있는 코스가
있는데 한 바퀴를 도는 데 2시간 정도 걸린다. 자작나무 숲에서 시작되는 이 코
스는 박쥐나무, 굴참나무, 신갈나무, 다래덩굴, 국수나무, 싸리나무, 노린재나무,
산뽕나무 등 다양한 나무와 숲이 우리 삶에 어떠한 영향과 혜택을 주는지를 깨닫
게 한다. 아침잠을 줄이고 부지런히 숲에 가 보면 딱따구리를 비롯해 수많은 새
들도 관찰할 수 있다. 20년 넘게 잘 가꾸어진 잣나무 숲을 볼 때는 인간의 손길로
다듬은 숲의 아름다운 모습에 새삼 감탄하게 된다.

사람 손으로 탄생한 아름다운 숲
전남 장성 축령산 편백나무 숲

프랑스 소설가 장 지오노가 쓴 『나무를 심은 사람』이란 소설
이 있다. 황무지에 나무를 심고 가꾸어 살기 좋은 곳으로 바꾸
어 놓은 노인의 일대기를 감동 깊게 묘사한 단편인데 만화영
화로도 소개되어 많은 사람들에게 사랑을 받았다. 이 소설 주
인공과 꼭 닮은 사람이 바로 전남 장성 축령산의 편백나무 숲
을 가꾼 임종국 선생이다.

  축령산의 삼나무와 편백나무 숲은 2000년 생명의 숲 가꾸기 국민운동 본부와
산림청이 공동으로 선정한 '아름다운 숲'이다. 수령 30년에서 50년 된 삼나무와
편백나무들은 마치 잘생긴 나무만 모아 놓은 듯 미끈하게 쭉쭉 뻗어 있다. 이 축
령산에 나무를 심기 시작한 사람이 앞서 말한 임종국 선생이다. 임 선생은 1950
년대부터 사재를 털고 심지어는 빚까지 지면서 축령산에 나무를 심고 숲을 가꾸
었다. 그의 노력과 집념이 오늘날 축령산에 아름다운 숲을 만들어 냈고, 또한 숲
이 경제적인 자원으로서 가치를 인정받게 만든 계기가 되었다. 이 공로로 임종국
선생은 2001년 산림청이 건립한 '숲의 명예전당' 전시관에 모셔져 있다.

  여러 가지 실험 결과, 편백나무는 아주 많은 양의 피톤치드를 생산하는 수종으
로 알려져 있다. 특히 편백에서 내뿜는 피톤치드는 살균력이 뛰어나고 아토피 치
유에도 큰 효과가 있다고 한다. 축령산의 삼나무와 편백나무 숲에 들어서면 향긋

한 피톤치드가 온몸을 씻어 줘 산림욕의 진수를 느낄 수 있다. 이른 새벽 촉촉한 공기를 맞으며 편백나무 숲을 산책하면 '숲의 공기가 달다'는 표현을 이해할 수 있을 정도다.

○○ 우리나라를 대표하는 광릉수목원

광릉은 우리나라를 대표하는 숲이다. 500여 년 동안 인간의 간섭 없이 그 천연성을 유지해 온 자연보존림이 있기 때문이다. 잘 아는 것과 같이 광릉은 임금(세조)의 능(陵)이었기에 조선조 내내 능림으로 보호되었고, 일제의 수탈과 6·25 전쟁의 피해마저 입지 않았다. 그 유구한 세월, 사람의 힘보다는 자연의 힘으로 버티어 온 광릉 숲은 그래서 순결과 원시성을 느낄 수 있게 해준다.

광릉의 숲은 국립수목원 1,157헥타르를 포함하여 2,240헥타르나 되는 광활한 면적을 가지고 있다. 남산 면적의 세 배쯤 되는 셈이니, 그곳에 서식하는 식물과 동물도 우리나라 어느 숲보다도 많은 다양성을 가지고 있다. 세계적으로 희귀한 크낙새, 하늘다람쥐, 장수하늘소, 원앙새 등 20여 종의 천연기념물이 서식하는 생태계의 보고이기도 하다.

잣나무의 피톤치드에 흠뻑 취할 수 있는 축령산자연휴양림

남양주시와 가평군에 걸쳐 있는 축령산자연휴양림은 울창한 숲과 계곡이 어우러진 해발 879미터에 자리 잡고 있다. 고려 말 이성계가 이 산으로 사냥을 나왔는데 짐승을 한 마리도 잡지 못하자, 몰이꾼이 이 산은 신령스런 산이라 산신제를 지내야 한다고 조언하였다. 몰이꾼 말대로 제사를 지냈더니 멧돼지가 잡혔다는 전설이 있어 축령산(祝靈山)이라는 이름으로 불리게 되었다.

가평군은 우리나라 제일의 잣 주산지로 가평 잣의 향과 질은 예로부터 유명하다. 축령산자연휴양림이 유명한 것도 바로 수령 60년 이상 된 울창하고 아름다운 잣나무 숲 덕택이다. 축령산 정상 근처에 있는 등산로 주변의 잣나무 숲은 하늘을 가릴 정도로 무성하다.

잣나무는 피톤치드를 아주 많이 방출하는 나무이다. 그래서 여름철 축령산 잣나무 숲에서 산림욕을 즐기면 도시 생활에 찌들어 무뎌진 오감이 다시 활짝 피어나는 것을 느낄 수 있다.

축령산자연휴양림은 봄에는 철쭉꽃, 여름에는 시원한 계곡, 가을에는 아름다운 단풍, 겨울에는 설경을 볼 수 있어 사계절 모두 색다른 경험을 할 수 있는 수도권 최고의 자연휴양림이다.

지리산의 정기를 흠뻑 받는
지리산자연휴양림

우리나라 대표 명산인 지리산의 자연휴양림은 여행의 즐거움과 아울러 평온하고 안락한 자연을 즐기게 한다. 휴양림 주변의 아름다운 자연 경관, 맑은 계곡, 위용을 과시하는 산봉우리, 아기자기한 산촌마을, 오래된 사찰 등은 여행의 맛과 즐거움을 배가시킨다.

지리산자연휴양림은 산 좋고 물 맑다는 벽소령과 백두대간 등반 코스의 시발점이자 지리산의 명봉인 천왕봉을 가까이 두고 있다. 휴양림 주변 숲은 계절에 따라 자태가 다른 아름다움을 연출한다. 봄에는 벽소령의 잔설과 함께 어우러진 산벚나무 꽃의 아름다움을 선사하고, 여름에는 시원한 계곡 물과 더불어 짙푸른 녹색의 숲이 눈을 맑게 씻어 준다. 가을에는 불타는 듯한 단풍으로 보는 이의 마음까지 불태우며, 겨울에는 아름다운 설경 위로 고적감을 선물한다.

천연의 숲과 계곡이 보물처럼 간직된 지리산자연휴양림에는 다양한 식물과 야생동물 종이 서식하고 있다.

기타

단풍이 아름다운 방장산자연휴양림

예로부터 지리산, 무등산과 함께 호남의 삼신산으로 추앙받던 방장산은 명나라

를 숭상하던 조선시대 선비들이 중국의 삼신산 중 하나인 방장산과 비슷하다고
하여 붙인 이름이다. 휴양림에 있는 백양사와 내장사의 비자나무 숲은 볼거리와
동시에 자녀들의 자연 학습 장소로도 좋다. 비자나무는 따뜻한 지역에 자라는 상
록 침엽수로, 제주도 비자나무 숲이 규모로는 더 유명하지만 이곳의 비자나무는
거목들이라 학술적인 가치가 크다.

휴양림이 위치한 지역은 감 주산지이다. 그래서 가을이면 주렁주렁 열리는 감
나무와 도로변에 펼쳐진 감 노점들이 남도 가을의 맛을 느끼게 해주는 데 손색이
없다. 또 백양사와 내장사 같은 고찰, 견훤의 주요새였던 입암산성, 고창읍성과
같은 유적지, 그리고 TV 드라마 촬영 장소로 이용되었던 영화민속촌 등도 발걸
음을 즐겁게 해준다.

안면도자연휴양림

안면도는 원래 섬이 아니었다고 한다. 뱃길을 트기 위해 해로를 내면서 만들어진
섬이라는데, 이제는 방조제로 인해 다시 육지와 연결되었다. 안면도는 숲을 공부
하는 사람들에겐 아주 중요한 곳이다. 그 이유는 우수한 소나무 품종이 섬 전체
에서 자라고 있기 때문이다. 특히 자연휴양림이 위치한 곳에는 수령 60년에서 80
년 이상 된 소나무들이 울창한 숲을 이루며 자라나고 있다. 조선 왕실에서는 안
면도의 소나무 숲을 지키기 위해 그곳을 '황장봉산'으로 지정하고 산감 벼슬을
두어 관리했다고 한다. 2002년 휴양림 인근에서 '안면도 꽃 박람회'가 열렸는데
그 때 조성된 숲을 휴양림 수목원으로 활용하고 있다. 수목원은 한국전통정원, 생
태습지원, 지피식생원, 식용수원 등 13개 자생식물원으로 구성되어 있고, 363종

54만 8천 본의 나무가 있다. 이 수목원과 소나무 숲을 관찰하는 것만으로도 만족이 크지만 안면도 주변 갯벌에서 조개 캐기 등 갯벌 탐사 같은 생태 체험도 즐길 수 있다. 여름에는 삼봉, 기지포, 꽃지 등의 크고 작은 해수욕장에서 해수욕도 즐길 수 있다.

잎 넓은 나무의 진가를 볼 수 있는 방태산자연휴양림

강원도 인제군 방태산은 해발 1,444미터 높이로 설악산, 점봉산 등과 이어진 큰 산이다. 우리나라 유일의 활엽수 보호구역인 진동계곡을 중심으로 피나무, 참나무, 박달나무, 거제수나무, 고로쇠나무, 들메나무, 개옻나무 등 다양하고 아름다운 활엽수들이 활개를 치는 곳이다. 이곳의 활엽수들은 천연으로 자랐다. 그래서 모양새도 제각각이다. 전나무나 잣나무 같은 침엽수는 꼿꼿하게 자라지만, 활엽수들은 햇빛을 찾아 이리저리 몸을 틀면서 자라기 때문에 줄기와 가지가 구불구불 휘었다.

방태산에는 오감을 활짝 열고 숲의 정기를 마음껏 빨아들일 수 있는 모든 것이 존재한다. 숲에 들어서면 우선 온갖 새소리와 물소리가 우리 몸과 마음을 안정시킨다.

방태산은 워낙 산세가 깊고 험해 옛날부터 약초가 풍부했기에 산삼을 찾는 심마니들도 많이 찾는 곳이었다고 한다. 그만큼 천연 숲이다. 그래서 이 숲에 들어가면 우리 몸과 마음이 원초적인 순수를 회복하는 것이다. 잠시 일상을 잊고 순수한 자연을 느끼고 싶을 때, 인공적인 도시에서 탈출하고 싶을 때 방태산 숲에 가 보라. 잊혀졌던 무언가가 되살아날 것이다.